中国国家级农业智库建设研究

Study on the Construction of China's
National Agricultural Think Tank

梁丽　周密　张学福　著

U0209595

中国农业出版社
北京

本书为国家自然科学基金项目"资本积累视角下新生代农民工职业妥协对城市融合的影响机制研究"（批准号：71973100）、辽宁省教育厅项目"辽宁省农业智库建设影响因素及评估指标体系构建研究"（批准号：WSNQN201904）的阶段性研究成果。

　　本书对中国国家级农业智库的建设问题进行研究。首先，选择国际典型成功案例，对比分析国内外智库建设特点和经验；其次，通过中美农业智库建设对比研究，深入分析中国农业智库建设中存在的问题；再次，基于博弈论，分析中国国家级农业智库建设的主要影响因素；最后，构建中国国家级农业智库建设框架，提出促进中国国家级农业智库建设的政策建议。

　　研究成果的创新性主要表现在：

　　①基于博弈论，从全新的科学视角，结合中国国家级农业智库的自身特点，对中国国家级农业智库建设的影响因素进行分析。研究发现，中国国家级农业智库建设的主要影响因素有：国家需求，政府行为，资源要素（高层次农业专家、海内外农业数据、合作交流对象等），农业信息技术，同业竞争，机遇（偶然）因素。中国国家级农业智库建设的博弈问题，主要是高质量农业智库成果与政府支持、农业智库成果总产出与企业技术支撑、中国国家级农业智库机构间竞争合作的博弈问题。只有当政府对国家级农业智库成果评价高于国家级农业智库机构对自身成果的评价时，政府才能接受国家级农业智库的高质量成果，达到两者的博弈均衡；当考虑进成果总收益时，会出现农业信息技术支撑国家级农业智库研究的纳什均衡；在完全契约条件下，只有引入合作交流奖惩机制，国家级农业智库机构间的博弈才会出现纳什均衡，在不完全契约条件下，不同国家级农业智库机构间的博弈问题主要是谁主导剩余权的问题。

　　②基于理论研究和实证研究分析结果，构建中国国家级农业智库建设框架，提出对策建议，为中国国家级农业智库建设实践提供理论依据和方案蓝图。研究发现，本书构建的框架揭示了中国国家级农业智库概貌及其建设内容：要想建设能够充分发挥作用、实现目标的中国国家级

农业智库机构，应该从资源投入、资源产出、管理创新、制度保障四个方面进行。具体建设对策有：考虑成果收益，瞄准全球农业科技发展前沿进行选题；认清农业弱质性，注重中长期农业政策战略问题研究；均衡专家配置，培养农业政策与分析领域的领军人才；监督成果质量，结合使用第三方评价与机构内部评价；设立专项工作经费，多元化企业捐款等社会资金来源；打造品牌影响力与知名度，赢取政府和社会各界信任；建立长效合作交流风险防控机制，合作国际高端智库；优化农业科研宽松自由环境，营造良好社会舆论氛围。

本研究一方面作为理论研究为相关领域科研提供思路，特别是农业科研机构评估、农业情报分析、政府公共决策等领域；另一方面将对我国国家级农业智库建设提供政策支持和实践参考，为我国智库整体建设水平助力。

CONTENTS 目 录

第一章 绪 论

1.1 研究背景

1.1.1 政策背景

近几年，习近平总书记在众多会议中均提出要加强建设国家高质量智库，强调高水平的智库是我们国家软实力的重要组成部分，需要积极探索、高度重视具有中国特色的新型智库的组织结构形式和管理机制方式。2013年11月，中共十八届三中全会提出我国亟须建设具有国际范围影响力和知名度的新型智库，建立健全我国政府的决策咨询制度。2015年6月4日，农业部召开会议强调，当前，农业农村经济发展的内外环境正在发生深刻变化，加快转变农业发展方式、推进农业现代化的任务十分艰巨。加强农业农村经济发展新型智库建设，是提高"三农"工作战略性、前瞻性和科学性的重要支撑，是推进农业农村经济持续健康发展的迫切要求。党的十九大报告提出实施乡村振兴战略，2017年12月，中央农村工作会议提出要全面分析"三农"工作问题，研究实施乡村振兴战略布局，这对我国高端农业智库提出了新的挑战和要求。农业科研机构应该抓住国家政策大力支持智库建设这一契机，利用自身的农业科研优势，探讨农业智库的建设内容和建设模式，提高对中国农业公共政策制定的影响力，推动农业智库事业良性发展。

1.1.2 技术背景

随着信息技术与计算机技术的普及应用和快速发展，不同行业所产生的数据呈现爆炸式的增长，数据关联程度不断加深，大数据呈现的宏观趋势越发清晰，揭示的隐藏知识更为深刻，为社会治理创新带来了数据条件和技术机遇（曾大军等，2013）。随着网络上"关联开放数据云"等语义结构化数据的快速增长，关联数据对于信息的高级导航、可见度提升、集成、复用起到了积极促进作用（Heath et al.，2011；Bock et al.，2012）。Taraghi et al.（2013）通过分析用户路径，提出一种新算法，为用户推荐合适的新文献信息。Gradmann（2014）研究了潜在新知识的信息对象语境及产生假说的推理，从而实现了知识配送服务方式。大数据环境下的数据分析与理解是农业智库建设的关键支撑，农业智库是我国新型智库建设的重要组成部分，无论从政策环境，还是技术环境来看，农业智库建设都迎来了发展的黄金时期。

1.1.3 实践背景

《关于加强中国特色新型智库建设的意见》指出，我国智库发展很快，在出思想、出成果、出人才方面取得很大成绩。但与此同时，随着形势发展，智库建设跟不上、不适应的问题也越来越突出。2015年，农业部成立专家咨询委员会，这是农业部党组贯彻中央精神，加强农业农村经济发展新型智库建设，不断提高"三农"工作战略性、前瞻性和科学性的重要举措。2015年12月，我国政府公布"首批国家高端智库建设试点单位"，有25家机构入选，其中没有一家农业类智库，可见我国农业智库建设发展仍处于不成熟阶段（表1-1）。国家级农业智库辅助国家层面农业政策的科学制定，是中国特色新型智库建设的重要组成部分，同时其具有面向中央政府决策咨询的功能和引领地方农业智库发展的带头作用，因此急需寻找国家级农业智库发展的办法途径，以推进我国智库建设的总体进程。

表1-1　首批25家国家高端智库建设试点单位

类型	名称	个数
党中央、国务院、中央军委直属的综合性研究机构	国务院发展研究中心、中国社会科学院、中国科学院、中国工程院、中央党校、国家行政学院、中央编译局、新华社、军事科学院和国防大学	10家

（续）

类型	名称	个数
依托大学和科研机构形成的专业性智库	中国社会科学院国家金融与发展实验室、中国社会科学院国家全球战略智库、中国现代关系研究院、国家发改委宏观经济研究院、商务部国际贸易经济合作研究院、北京大学国家发展研究院、清华大学国情研究院、中国人民大学国家发展与战略研究院、复旦大学中国研究院、武汉大学国际法研究所、中山大学粤港澳发展研究院、上海社会科学院	12家
依托大型国有企业形成的智库	中国石油经济技术研究院	1家
基础较好的社会智库	中国国际经济交流中心和综合开发研究院（中国·深圳）	2家

1.1.4 学术背景

截至 2016 年，美国共有 1 835 家智库，中国则共有 435 家智库，位居全球智库数量排行第二（McGann，2017）。智库建设问题已经成为学术界研究热点，业界学者肯定了农业科研机构智库建设的重要性，并对智库建设中的一些问题和发展前景提出了不同的看法，他们的工作具有开创性并为本领域的研究打下了一定的基础，为智库建设和后续学者们的研究做出了很大的贡献。但是，在现有文献中仍然存在一些不足之处。例如，目前国内智库研究进行实例分析和定量分析的比较少，采用的数据样本也比较小，多属具体性、经验性的总结。现有国外相关学术文献中关于不同专业类型智库的研究，较多集中在健康类智库，而缺少对农业类智库的专门研究。国内关于农业智库方面的研究，又大多从宏观角度探讨农业型智库建设的政策选择问题，进行实例分析和案例定量分析的比较少，采用的数据样本也比较小，对农业智库的功能、资源、能力、制度等缺乏完整的理论框架，导致研究结论各异；评价各不同专业类智库时也没有一个评价方法的选择准则可供参考，理论成果的实践推广应用受到制约和局限。同时，中国智库建设需要借鉴国内外成功经验，然而由于我国的民主法治建设刚刚起步，市场经济刚具备雏形，难以获得国内有参考价值的数据，且目前关于国际上美国、英国等发达国家以及日本、韩国等与我国文化环境相近的国家的智库建设情况的典型案例分析，特别是对国外农业类智库的案例分析，仍然不够充分。

1.2 研究目的与意义

1.2.1 研究目的

在丰富智库建设学术理论的同时，客观分析中国农业智库建设的现状与存在问题，总结智库建设的国际经验，揭示影响我国国家级农业智库建设的主要因素，构建国家级农业智库模型，提出促进中国国家级农业智库建设的政策建议，以期对中国国家级农业智库建设的规划、实施和评价有所裨益，进而提高我国对具有前瞻性、重大性、战略性、储备性的农业政策的科学制定能力。

1.2.2 研究意义

本研究的意义主要有以下两个方面：

①从理论上看：首先，本研究将为智库理论，尤其是中国特色新型智库建设的相关研究提供来自农业智库中的证据，也为智库评价体系的构建提供参考依据；其次，本研究基于博弈论，从全新的科学视角，对中国国家级农业智库建设过程中的博弈关系进行分析，研究中国国家级农业智库建设的影响因素，为相关领域科研提供新的视角和文献依据，特别是农业情报分析、政府公共决策等领域。

②从实践上看：首先，在各专业类型国际高端智库竞争激烈的大背景下，通过提高国家级农业智库的建设水平来推动我国智库事业良性发展是必然的政策选择；其次，本研究理论成果将为农业科研机构的智库建设和评估提供政策思路，为政府部门对农业智库建设支持提供决策依据，为我国智库整体建设水平助力，提高我国对具有前瞻性、重大性、战略性、储备性的农业政策的科学制定能力。

1.3 主要研究内容与创新点

1.3.1 研究内容

本研究共分为七个章节：

第一章，绪论。本章主要介绍了研究的背景、目标和意义、研究内容和创新点，以及具体的研究方法和技术路线图。

第二章，概念界定与理论基础。该章对于本研究相关的概念演变、概念界定、相关研究现状及理论基础进行了介绍，为后续的研究奠定基础。

第三章，国内外典型智库建设的案例研究。该章依据在全球范围内影响最广的宾夕法尼亚大学的《全球智库报告》，根据其国际知名度及与中国农业科研机构合作交流情况，从美国、英国、韩国、日本、非洲南部等充分选择案例样本。案例中不但包括国际粮食政策研究所等农业类智库，还遴选了兰德公司、查塔姆社等非农业类智库建设的成功案例，对其运作特点进行分析，进而从其他国内外各类型智库的建设经验上，获得对中国国家级农业智库建设的借鉴意义。

第四章，中美农业智库建设的比较研究。该章首先对全球智库建设现状和中国农业智库建设现状进行描述性分析，然后根据全球智库报告2016智库排名情况、2016中国智库名录、2015国家高端智库试点名单以及智库机构的国内外知名度，在文献分析和专家咨询的基础上，选择中美两国农业智库建设的典型案例进行对比分析，从翔实的案例入手获得有参考价值的数据，分析中国农业智库建设的现状和存在的问题。

第五章，中国国家级农业智库建设的影响因素研究。该章首先基于案例分析和文献梳理分析结果，借鉴波特钻石模型，考虑中国国家级农业智库的自身特点，在已有研究成果的基础上，构建中国国家级农业智库建设影响因素模型。其次，以博弈论为研究理论基础，对高质量农业智库成果与政府支持、农业智库成果总产出与企业技术支撑、中国国家级农业智库间竞争合作的博弈关系分别进行建模并求解，从全新视角研究制约中国国家级农业智库建设的主要因素和矛盾。

第六章，中国国家级农业智库建设框架与对策建议。该章根据上文分析得出的案例分析成果、博弈分析结果、影响因素模型，构建中国国家级农业智库建设框架，提出中国国家级农业智库建设的对策建议，清晰揭示中国国家级农业智库概貌，分析中国国家级农业智库建设包含的主要内容和方案，为中国国家级农业智库建设提供理论依据和参考思路。

第七章，结论与展望。该章对本研究所得出的结论进行了总结和说明，并对本研究的不完善之处和日后的相关研究进行了分析与展望，提出了相关的建议和设想。

1.3.2 创新点

第一，基于博弈论，从全新的科学视角，结合中国国家级农业智库的自身特点，对中国国家级农业智库建设过程中的博弈关系进行分析，研究中国国家级农业智库建设的影响因素。影响因素主要有：国家需求，政府行为，资源要素（高层次农业专家、海内外农业数据、合作交流对象等），农业信息技术，同业竞争，机遇（偶然）因素。中国国家级农业智库建设的博弈问题，主要是高质量农业智库成果与政府支持、农业智库成果总产出与企业技术支撑、中国国家级农业智库间竞争合作的博弈问题。只有当政府对国家级农业智库成果评价高于国家级农业智库机构对自身成果的评价时，政府才能接受国家级农业智库的高质量成果，使国家级农业智库功能得以充分发挥，达到两者的博弈均衡；当考虑进成果总收益时，会出现农业信息技术支撑国家级农业智库研究的纳什均衡；在完全契约条件下，只有引入合作交流奖惩机制，国家级农业智库机构间的博弈才会出现纳什均衡，在不完全契约条件下，不同国家级农业智库机构间的博弈问题主要是谁主导剩余权的问题。

第二，构建中国国家级农业智库建设框架，并提出对策建议。本研究基于理论研究和实证研究分析结果，构建了中国国家级农业智库建设的框架模型，并提出对策建议，为中国国家级农业智库建设实践提供理论依据和方案蓝图。研究发现，本研究构建的框架模型揭示了中国国家级农业智库概貌及其建设内容：要想建设能够充分发挥作用、实现目标的中国国家级农业智库机构，应该从功能定位、资源筹备、管理创新、制度保障四个方面进行。具体建设对策有：设置灵活高效的组织机构，实施理事会决策管理制度；考虑成果收益，瞄准全球农业科技发展前沿进行选题；认清农业弱质性，注重中长期农业政策战略问题研究；均衡专家配置，培养农业政策与分析领域的领军人才；监督成果质量，结合使用第三方评价与机构内部评价；设立专项工作经费，多元化企业捐款等社会资金来源；打造品牌影响力与知名度，赢取政府和社会各界信任；建立长效合作交流风险防控机制，合作国际高端智库；优化农业科研宽松自由环境，营造良好社会舆论氛围。

1.4 研究方法与技术路线

1.4.1 研究方法

本研究涉及公共政策学、农业经济学、情报学等多学科的知识作为基础，将这些知识融会贯通，才能完成研究。总体来说，本研究主要采用了以下几种研究方法：

（1）案例分析法

本研究采用案例分析法，对中外典型智库发展特点和运作机制进行分析。考虑到研究对象对中国的借鉴意义，文章从国外不同类型智库中选择样本，首先依据在全球范围内影响最广的宾夕法尼亚大学的《全球智库报告》，根据智库的国际知名度及其与中国农业科研机构合作交流情况，选择国外典型农业智库案例。把国外知名农业智库机构的行为、资源、运行模式、建设经验等，都做一番研究、比较，将一个工作系统清晰无误地呈现在我国农业行业相关专家与管理者面前。此外，考虑到其他专业类型智库的建设借鉴意义，除对国外典型农业智库进行案例分析外，还遴选了兰德公司、查塔姆社等非农业类智库建设的成功案例，对其运作特点进行分析，进而从其他专业类型智库的建设成功经验上，获得对我国农业类型智库建设的借鉴意义。中国部分，则根据全球智库报告 2016 智库排名情况、2016 中国智库名录、2015 国家高端智库试点名单以及智库机构的国内外知名度，选择我国农业智库建设的典型案例进行分析。

（2）对比分析法

本研究采用对比分析法，选取典型案例样本，对中外智库建设的基本情况和战略方案进行比较分析，从机构设置、功能定位、方案规划和法律保障等多方面，分析总结国内外智库建设的成功经验。另外，本研究还从行为对比的角度，对中美两国农业智库的能力水平进行分析，发现中国农业智库的能力差距，说明中国国家级农业智库的现状与问题。首先，通过调查问卷（参见附录 1）和访谈（参见附录 2）的形式，分析中国农业智库的政策咨询能力；通过统计 CRS 引用智库专家观点情况，分析美国农业智库的政策咨询能力。然后，通过查询中美两国几大知名媒体对农业智库的报道情况，分析其社会舆论能力。最后，通过官方网站的统计调研和专家咨询，分析中美农业智库的合作交流能力。

（3）博弈分析法

博弈论是数学运筹中的一个支系，是一门用严谨的数学模型研究冲突对抗条件下最优决策问题的理论，它通过对不同集体或个人相互之间存在的互动关系、策略选择、竞争对抗情况下的决策选择的研究，为个人或组织集体的正确决策提供参照指导。从博弈论角度来说，中国国家级农业智库建设受阻可以看作是主要参与方博弈的结果，基于此，本研究以博弈论为研究理论基础，对中国国家级农业智库建设的主要影响因素中的相关行为主体的主要关系：高质量农业智库成果与政府支持、农业信息技术与农业领域选题、国家级农业智库机构间竞争合作的博弈关系，分别进行建模分析并求解，以求从一个全新的视角，研究制约中国国家级农业智库建设的主要因素和矛盾，为中国国家级农业智库建设方案对策的提出与实施做好准备，从根本上解决中国国家级农业智库建设中面临的实际问题。

1.4.2　技术路线

本课题研究的技术路线如图 1-1 所示，包括以下几个步骤：

（1）提出问题

本研究围绕中国国家级农业智库建设这一核心科学问题开展。

（2）国内外典型智库建设的案例分析

依据在全球范围内影响最广的宾夕法尼亚大学的《全球智库报告》，根据智库的国际知名度及与中国农业科研机构合作交流情况，从美国、英国、韩国、日本、非洲南部等充分选择案例样本。案例中不但包括国际粮食政策研究所等农业类智库，还遴选了兰德公司、查塔姆社等非农业类智库建设的成功案例，对其运作特点进行分析，进而从其他国内外各类型智库的建设经验上，获得对中国国家级农业智库建设的借鉴意义。

（3）中美农业智库建设的比较研究

首先对全球智库建设现状和中国农业智库建设现状进行描述性分析，然

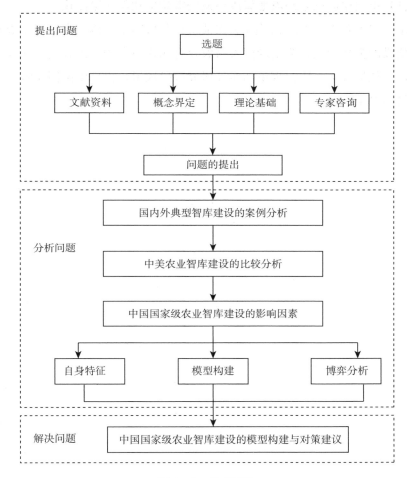

图 1-1 技术路线

后根据全球智库报告 2016 智库排名情况、2016 中国智库名录、2015 国家高端智库试点名单以及智库机构的国内外知名度，在文献分析和专家咨询的基础上，选择中美两国农业智库建设的典型案例进行对比分析，从翔实的案例入手获得有参考价值的数据，分析中国农业智库建设的现状和存在的问题。

（4）中国国家级农业智库建设的影响因素研究

通过引入步骤（2）关于国内外典型智库建设的案例研究成果，以及步骤（3）中美农业智库建设比较研究结果，依据博弈论，分析中国国家级农业智库建设的影响因素。

（5）提出中国国家级农业智库建设的框架构建与对策建议

基于以上各内容的理论研究和实证研究分析结果，构建中国国家级农业智库建设的框架模型，为中国国家级农业智库建设实践提供理论依据和方案蓝图，并依据以上各阶段理论和实证研究阶段成果，提出中国国家级农业智库建设的对策建议。

第二章 概念界定与理论基础

2.1 概念界定

2.1.1 智库概念的演变

2.1.1.1 国外智库概念的演变

　　智库一词最早出现在第二次世界大战中的美国，用于描述那些为军方制定军事计划和战略的特定情报机构。美国学者保尔·迪克逊出版了第一本介绍美国智库的形成历史与发展的著作，首先把智库的概念定义为：相对稳定的、独立的专门进行政策研究的组织机构（Dickson，1971）。兰德公司的创始人弗兰克·科尔博莫认为：智库是一个有着明确目标和特定对象的"头脑风暴中心"，一个敢于超越和挑战现有智慧及权威的"战略思想中心"，即智库就是那些专门从事开发性研究的咨询研究机构，又被称作头脑企业、智囊团、思想库或顾问班子（吴景双，2016）。

　　此后，智库的内涵不断得到拓展。到20世纪70年代，智库的定义不再被局限于军事和国际关系领域，而是扩展到从事政治、经济、社会等公共问题的研究机构。21世纪之前，欧美学者传统上将智库界定为独立于政府政党的非营利性的政策咨询机构，研究重点围绕政治学、社会学、政策参与和知识的运用研究路径（朱旭峰，2007）。相当长一段时期以来，学术界使用最为广泛的智库定义之一是由美国智库研究专家肯特·韦弗（Kent Weaver）于20世纪80年代提出的，智库为"一种非政府性的、非营利性的，并且实质上相对于政府以及诸如政党、企业、利益集团等社会团体，具有组织自治特征的研究机构"，这一时期学术文献普遍以智库作为"非政府性""非营利性"组织的标准进行衡量。

然而，进入 21 世纪以来，当欧美主要智库问题专家将视野从本国扩展到世界各地范围后，他们发现以往相对狭隘的智库定义已经无法满足世界多样化智库发展模式的需要，专家学者逐渐认识到"非营利性"和"非政府性"更应属于法律范畴特征，这些特征也许并不能妨碍诸如享有免税政策的非营利性智库以及不同政治体制国家国有性质或有官方背景的智库发挥其最重要的辅助决策功能。而且，如果智库旨在影响政策制定过程，则必须与决策者之间寻求和保持有效的通畅的联系，搭建并扩展其决策建言的通道。例如，英国著名智库研究专家 Stone（2008）通过对"知识-政策"的转移和变化过程的研究，分析了智库的角色和作用的变化，进而拓展了智库的概念范畴。又如，全球范围内影响最广、被认可度最高的智库评价排名报告——美国宾夕法尼亚大学发布的《全球智库报告》，其在 2008 年首次发布时，将隶属中国国家级政府管理机构的中国社会科学院、中国科学院以及国务院发展研究中心等研究机构列为智库调查的名单；2014 年，《全球智库报告》项目的负责人宾夕法尼亚大学的麦甘教授将智库定义为"专门从事公共政策研究分析的附属或独立参考咨询研究机构（McGann，2014）"；《全球智库报告（2015）》中，又将中共中央政策研究室列入政党型智库的候选名单（McGann，2015）。可见，智库的界定标准已经非常具有包容性（表 2 - 1）。

表 2 - 1　国外智库概念演变

作者（机构）	年份	独立	研究机构	研究人员/专家智慧	政府决策	参考咨询
保尔·迪克逊	1971	√	√	√	√	√
兰德公司	—	√	√			
金顿·约翰	1995		√	√	√	
詹姆斯·麦甘	2013	√		√	√	√

2.1.1.2　中国智库概念演变

改革开放以来，中国智库在国际外交政策、中国经济和政治体制改革、气候和能源变化等领域内，有效参与了中国政府政策的制定过程，取得了一定成效（Naughton et al.，2002）。在历年的全球智库评价项目中，中国智库参评数量逐年增多、评价排名逐年进步，薛澜、朱旭峰等专家近年来在国际期刊上多次发表有关中国智库研究的学术论文并出版英文专著，这些都引起了国外学界对中国智库发展的关注，其对中国智库的认知也发生了显著转变。

国内专家对智库概念的认识以 2010 年为分水岭。2010 年以前，学术界专家对智库概念的认识同欧美学者一样，重在强调智库的独立性和政策研究功能这两个方面。2010 年以后，学界理解重心向智库的公共属性倾斜，更多地强调智库对政府决策的影响作用，以及对其公共利益表达和服务民众民意等期许（中国科学院，2015）。朱旭峰（2014）强调，更加精确定义智库的概念还需要有一个边界，他将中国智库界定为"相对稳定且独立运作的政策研究和咨询机构"。初景利（2017）指出，智库定义核心为支持、影响公共政策、战略规划或者影响公众认知，"治国理政、资政启民"为其特点。并且他还强调智库应当有独立性，即不受利益驱使而客观可靠；影响力，即智库更加关注影响力；质量，即重点在选题策划和研究能力。学术界中关于智库定义的日益变化，也说明了我国智库在持续地多元化地发展。

2.1.1.3　定义智库概念的几点注意事项

定义一个智库比较困难，因为智库活动往往涉及政府部门、学术科研部门、媒体部门、企业和公众，所以智库具有多维度特征（李凌，2016）。德国汉堡大学政治学教授帕瑞克·克勒纳、清华大学管理学教授朱旭峰都曾指出，目前存在智库概念界定不清和评价排名方法论缺陷等问题（朱旭峰，2016）。因此，在学术研究中界定智库的概念需要注意以下几点：

（1）界定标准应具有包容性，同时不能无限扩大化

尽管有大量文献对智库以及智库对政策变化和延续所产生的作用进行研究，但在界定究竟是什么构建了智库、智库如何做其所做之事，以及智库担当什么角色等问题上的争论已有所停息。国外大多数的研究依赖于 20 世纪 80 年代至 90 年代所设定的定义和分类，其对智库的理解可归结为四点：重视政策研究、强调独立性、关注创新、注重非营利性。

然而，政策咨询在性质上的变化要求人们重新审视智库现象：为政府提供外部政策咨询的机构正在日益多元化，并且，尤为突出的是，若真如类型学方法论以及各类机构对自身描述所阐明的那样，即智库、高校研究所和管理咨询机构之间确实具有鲜明界限的话，那么，这种界限现在已经变得更加模糊了（Kipping et al.，2001；哈特维希·波伊茨，2014）。

当然，不能将智库的概念无限度地扩大化，而是应将智库限定在具有辅助政府公共决策这一基本功能属性的组织框架里。智库的特定服务对象是政府和公众组织。例如，现有一些参考咨询公司，甚至是理财经营公司，都称自己为智库，虽然这些组织也拥有影响个人决策的职能，但必须明确其服务对象不是政府或者公众，故并非所有试图影响决策的机构都可以被视为智库。

（2）应将国内情况与国际视野相结合

对智库进行定义时，一方面不能忽视国际视野，应使中国智库的特色为国际所接受和认同，提高中国智库的国际影响力，进而提升我国的整体软实力水平。另一方面，智库的发展离不开所属国家的外在环境影响，对中国智库定义不能仅仅依赖西方智库的成功国际经验，而忽视了中国政治环境、经济水平和文化氛围的差异性对中国智库发展的外在影响。如何以国际比较的视野，结合自身发展情况，关注全球智库的发展模式和与我国的差异，对智库的定义进行重新界定，成为中国智库建设研究的重要议题。

（3）应以中共中央办公厅、国务院办公厅《关于加强中国特色新型智库建议的意见》为指导

在进行我国农业智库建设分析时，首先应遵照 2015 年 1 月我国政府发布的《关于加强中国特色新型智库建议的意见》（以下简称《意见》）指导，同时充分借鉴全球视野，参照国际经验。《意见》指出，中国特色新型智库应为那些以战略性问题和公共性政策为主要研究对象的，以服务党和国家政府科学、民主、依法决策为宗旨目标的研究咨询机构。"新型"是指相对于国内原来的学术科研机构而言具备不同的组织特点和功能作用。"中国特色"，这是相对于国外不同类型智库而言的。与国外不同类型智库相比，中国特色新型智库的最大特点是坚持中国特色社会主义建设方向，坚持马克思主义和中国共产党的领导，要为我国党和政府进行科学决策服务，服务国家发展大局，始终以维护国家的利益和人民的利益为根本出发点，充分体现中国特色、维护中国利益。

2.1.2 相关概念界定

为使读者更好地理解文章的研究内容，基于以上分析，本研究将相关概念界定如下：

（1）智库

本研究采用在国内学术界影响最广泛的上海社会科学院智库研究中心2015年1月发布的《2014年中国智库报告》的定义，将智库的内涵定义为："以战略问题和公共政策为研究对象，以公共利益为研究导向，以服务党和政府科学民主依法决策为研究目标，以社会责任为研究准则的专业研究机构"。

（2）智库建设

建设是指建立、设置。本研究借鉴项目建设、组织建设等相关概念，将智库建设定义为：按照一个总体设计目标，组织完成各阶段的工作要求，建成后具有完整的系统，可以独立地发挥智库功能的过程。按照不同任务阶段，智库建设基本程序通常包括建设前期工程阶段、建设管理阶段和建设效果评价阶段三个阶段。

（3）农业智库

与农业智库相近的提法有农业思想库和农业智囊团，例如2015年12月，农业部成立专家咨询委员会，直接面向国家服务，被称为农业智囊团。本研究沿用之前研究中对农业智库的一贯定义，将农业智库界定为："以影响农业公共政策制定为目的的智库机构"（梁丽等，2016）。

（4）中国国家级农业智库

在学术界已有研究成果基础上，考虑到中国国家级农业智库为中央级政府的决策需要服务及其高端特点，本研究将其定义为："通过围绕国家层面重大战略需求，聚焦国家发展进程中亟须解决的热点农业问题，通过开展具备前瞻性、战略性与全球视野的农业领域科学研究，服务国家农业发展战略决策咨询需求的高端农业智库机构。"

2.2 国内外研究现状

2.2.1 智库建设研究现状

"智库"一词最早出现在第二次世界大战期间的美国（Dickson，1971），近年来欧美等西方发达国家在智库理论研究和实际应用方面开展了较多的实例研究（朱旭峰，2007）。通过查询 Web of Science 数据库得知，截至作者检索日期（2017 年 4 月 18 日），以智库为主题的英文文献共有1 031 篇。

从发文量降序排列来看，美国为智库研究的第一大国，发文量占十年来世界智库研究总发文量的三分之一以上；英国、加拿大、澳大利亚、德国紧随其后，与美国一同构成了智库研究发文量世界排名的前五名。近十年来关于智库的研究，日本发文量排名第六，中国发文量排名第九，由此可见我国关于智库的研究已在世界占有一席之地，但研究热度还未及诸如美国、英国等发达国家（表 2-2）。

表 2-2 智库领域高发文量国家或地区前十名

序号	国家或地区	发文量/篇	发文量比重/%	序号	国家或地区	发文量/篇	发文量比重/%
1	美国	234	38.049	6	日本	26	4.228
2	英国	89	14.472	7	荷兰	24	3.902
3	加拿大	61	9.919	8	法国	20	3.252
4	澳大利亚	39	6.341	9	中国	17	2.764
5	德国	26	4.228	10	苏格兰	17	2.764

表 2-3 列出了相关领域发文量排名前十的机构，这些机构代表了国际智库研究的先进水平。其中排名前五的均为大学，分别为美国杜克大学、美国哈佛大学、美国宾夕法尼亚州立大学、加拿大多伦多大学、美国北卡罗来纳州立大学。排名第六到第十的分别为美国食品药品监督管理局、美国梅奥医学中心、美国国家癌症研究所、美国华盛顿大学、美国维克森林大学。根据统计可知，在排名前十的智库研究机构里，除了三家美国研究机构外，其余均为大学。

表 2 - 3　智库研究的高发文机构前十名

序号	研究机构	发文量/篇	发文量比重/%	序号	研究机构	发文量/篇	发文量比重/%
1	Duke Univ.	21	3.415	6	US FDA	9	1.463
2	Harvard Univ.	11	1.789	7	Mayo Clin	8	1.301
3	Univ. Penn	11	1.789	8	NCI	8	1.301
4	Univ. Toronto	11	1.789	9	Washington Univ.	7	1.138
5	Univ. N Carolina	9	1.463	10	Wake Forest Univ.	7	1.138

表 2 - 4 列举了智库研究领域发文量排名前十的刊载期刊,这些是反映这十年间智库研究领域成果的重要期刊,期刊主办方多为英美两国。

表 2 - 4　智库研究的高刊载期刊前十名

序号	刊文量	期刊名	出版国
1	22	*British Medical Journal*	英国
2	20	*MBJ British Medical Journal*	英国
3	17	*Neurourology and Urodynamics*	美国
4	12	*American Heart Journal*	美国
5	9	*Political Quarterly*	英国
6	5	*Educational Policy*	美国
7	5	*Urologic Oncology Seminars And Original Investigations*	美国
8	4	*Revue Neurologique*	法国
9	3	*Review Of International Political Economy*	美国
10	3	*Theory And Society*	美国

按照被引频次降序排列,表 2 - 5 列出了智库研究领域排名前十位的高被引文献,由此可以梳理近十年智库研究的发展脉络,为科研工作者提供参考。统计分析表明,其中,第一篇高被引文献,是由来自美国佛罗里达大学的 Jacques 于 2008 年发表在 *Environmental Politics* 期刊上的 "The Organization of Denial：Conservative think tanks and environmental skepticism",文章用科学计量学的方法,研究了美国传统智库的运行机制,及其对美国环境相关舆论的强大引导作用。第二篇高被引文献,是由来自美国太平洋研究院的 Johnson 于 2004 年发表在 *Evaluation and Program Planning* 刊物上的 "Building capacity and sustainable prevention innovations：a sustainability planning model"，文章以智库建设作为出发点，探讨了可持续发展的意义和相关实践模型。第三篇高被引文章，是由来自美国加州大学戴维斯分校的 Turrentine 于 2007 年发表在 *Energy Policy* 刊物上的 "Car buyers and fuel economy?"，文章旨在从智库有助于科学决策的角度出发，探究美国消费者的汽车燃油使用思维和行为，从而帮助研究人员和政府决策者做出对应措施。

表 2-5　智库研究的高被引文献前十名

序号	被引频次	文献信息
1	120	Jacques P J，JUN 2008，The organization of denial：Conservative think tanks and environmental skepticism
2	114	Johnson K，MAY 2004，Building capacity and sustainable prevention innovations：a sustainability planning model
3	95	Turrentine T S，FEB 2007，Car buyers and fuel economy?
4	91	Janzen H H，MAR 2006，The soil carbon dilemma：Shall we hoard it or use it?
5	83	Steinert Y，FEB 2005，Faculty development for teaching and evaluating professionalism：from programme design to curriculum change
6	79	Rovida C，MAR 2009，Re-Evaluation of Animal Numbers and Costs for In Vivo Tests to Accomplish REACH Legislation Requirements for Chemicals-a Report by the Transatlantic Think Tank for Toxicology（t4）
7	63	Schubert V，JAN 2006，Localized recruitment and activation of RhoA underlies dendritic spine morphology in a glutamate receptor-dependent manner
8	62	Khalid A，AUG 2011，The anaerobic digestion of solid organic waste
9	62	Higginson I J，SEP-OCT 2010，What Is the Evidence That Palliative Care Teams Improve Outcomes for Cancer Patients and Their Families?
10	61	Douglas P S，NOV 2006，Achieving quality in cardiovascular imaging proceedings from the American College of Cardiology Duke University Medical Center think tank on quality in cardiovascular imaging

通过对文献主题内容进行分析发现，国外智库建设类文章较多集中在对健康类智库建设和教育类智库建设的研究。目前，1884 年英国成立的费边社（Fabian Society）和 1908 年德国成立的汉堡经济研究所（Hamburg Institute for Economy Research）普遍被学术界认定为西方国家出现最早的智

库。詹姆斯·麦肯（McCann，2009）认为：美国历史上的第一个具有智库功能的独立机构是 1916 年成立的布鲁金斯学会的前身——政治研究所，1906 年日本创建的野村综合研究所被认为是亚洲地区最早出现的智库之一。

国内学术界十分关注智库的建设问题并进行了相关研究，取得了较多成果，他们的工作具有开创性并为本领域的研究打下了一定的基础。考虑到研究文献中智库、思想库、智囊团和脑库等四个词汇的实际使用情况，本研究在所有文献种类的检索中都同时包括了这四个相关词汇，检索的途径是"篇名"或"题名"中含有上述四个词汇的文献。同时，由于通过多次的文献初步检索和分析，发现中国知网的中国重要报纸数据库、中国重要会议数据库的检索结果中存在着较多的无用信息，为了保证来源文献数据的可靠性和可用性，本研究在获得初步结果后进行了进一步的认真筛选，主要是删除了以下三类记录：一是没有作者信息的记录；二是确属于"简介""会议""通知"等类别的非学术文献；三是经过判断确属重复和无关的文献。经过查询中国知网 CNKI 学术期刊数据库发现，2000 年以来，国内智库领域发文量呈逐年上升趋势，其中 2016 年国内智库研究领域论文共有 2 210 篇。南京大学中国智库研究与评价中心调研组在调用了国内知名图书馆的联机目录和数据库基础上，发现 2015 年国内共出版了 25 种智库类研究图书，共发表了 1 800 余篇智库类相关学术研究论文。智库研究领域论文高产量作者主要有中国人民大学王文、国务院发展研究中心李伟、中国人民大学王莉丽、武汉大学邱均平、南京航空航天大学徐晓虎、清华大学朱旭峰、南京大学李刚等。上海社会科学院智库研究中心等评价机构则会发布年度研究报告对各智库机构的影响力进行评价。各智库机构在国家政策大力支持的良好契机下，积极推进本领域各类型专业化智库事业建设。各学科领域都积极探讨智库建设问题，智库建设问题业已成为学术界关注的热点（杨安等，2015）。王莉丽（2012）分析了美国智库的功能和角色。俞可平（2009）分析了智库在社会各领域中的影响力，包括助力政府科学决策等。李安方（2012）阐述了智库产业化的发展特征及其操作要求。初景利（2016）指出，智库与媒体正在加速融合。邱均平（2016）系统地梳理和分析了中国新型智库理论研究的最新进展和趋势，提出了若干对策和建议。王延飞等（2015）认为，现代智库具有出对策、出思想、出声音等功能，我国情报研究机构在这方面理论准备不足、实践面临困境。王世伟（2011）以上海社科院信息所为例，探讨了社科学术信息智库的发展目标和举措。

国外学者普遍强调没有政治倾向的智库会获得公众信任，更具有舆论竞争力（Rich，2000），强调知识产品的产出是构成智库的要素（Abelson，2002）。Bennett（2011）通过与智库工作人员进行结构化访谈的方式，对南非和印度等国家的健康类智库进行了调研，指出智库影响公共政策制定的要素包括：宽松的外部政策环境、智库机构的所有权和地位、机构内部的管理制度和资助来源渠道等。宾夕法尼亚大学教授麦甘指出，影响智库建设的主要因素有政治体制、公民社会、言论环境、经济发展程度、慈善文化、大学的数量和独立性等。Kelstrup（2017）借鉴麦甘教授对智库影响力进行评价的三个评价指标，选取了智库出版物数量、智库主持的公共活动（例如举办会议沙龙）的数量、媒体对智库的报道数量，对英国、德国、丹麦的智库进行调查分析，发现英国智库在选取指标的三方面活动都最为活跃，认为除了智库学术成果，资金、媒体环境的发展也都是影响智库发展的重要因素。Haughton et al.（2016）通过对英国智库的调查分析指出，智库在政策制定中发挥作用的要素有：第一，在时效性方面，迎合政府需求，智库提出的政策建议可能会出现在官员、智囊团或其他人的提议中，但需要与当时的政治情绪产生共鸣。第二，具有正式的、内部的出版物，包括新闻稿、媒体采访、研究报告、智库专家和管理者讲话等，以此来影响政府决策。第三，需要有媒体的宣传，媒体的曝光会引起政治家和顾问对智囊团的注意。第四，智库工作人员与政治家建立的个人关系，如果没有正式的咨询委托，那么需要智库工作人员直接接近政治家。

国内多位学者分别对智库的基本要素、智库的能力要素、智库发展的影响因素等给出了概念，做出了分析。俞可平（2009）指出，一个智库若要对社会进步产生重要的影响，应当具备思想、问题、责任、战略、人才、网络、特色等七个要素。智库在发展过程中受到很多因素的影响，影响或决定其发展的基本要素有很多，可将这些基本要素分为两种类型：一是智库的外部环境要素，二是智库的自身资源要素（张小刚，2011）。所谓智库的环境要素是指对智库发展产生影响的各种外部环境因素，包括政治环境因素、经济环境因素、科技环境因素、法律环境因素、社会环境因素、制度环境因素等（侯经川等，2013）。资源要素是实现智库功能的资金物质和人力资源，智库在外部环境因素的影响下，立足于自身所拥有的资源要素，通过实践自身的智库行为，获得更高的能力因素，不断推进自身的发展进程（苗源德，2014）。

近年来，国外相关专家学者们大多以不同地区和类型的智库为例，围绕资金筹措、项目管理、宣传推销、合作交流和人才培养等方面，对智库的能力和影响因素进行案例分析，总结智库的成功经验和存在的问题（梁丽等，2015）。例如 Enrique（2013）将美国以南地区国家（巴西、墨西哥、智利等）智库作为研究对象，分析了他们的运作特点和影响因素，指出由于机构来源和赞助来源的不同，各智库机构的可持续发展能力有所不同，为了使智库发挥最大的功能作用，应该与政府官员等相关行为者相互联合，形成议程的决策优化系统；智库未来的发展方向是知识和政策之间的有效转化，应该建立相关的制度以保障这种转化的实现。Fraussen（2016）利用采访调研的方式对澳大利亚智库进行访谈，得出智库战略决策能力需要三个关键特征：高水平的研究能力，组织的自主性和长期政策跟踪服务能力。Bennett（2011）通过与智库工作人员进行结构化访谈的方式，对南非和印度等国家的健康类智库进行了调研，指出智库影响公共政策制定的影响因素包括：宽松的外部政策环境、智库机构的所有权和地位、机构内部的管理制度和资助来源渠道等。Roberts（2005）以外交关系委员会和英国皇家国际事务研究所为例，分析了英国智库在外交政策中的竞争地位和影响。Jacques（2008）分析了美国传统智库对美国政府环境治理对策和舆论倾向的影响。Lalueza et al.（2016）介绍了西班牙媒体对智库的报道情况，以此评价智库对公众舆论的影响。Aedo（2016）分析了智利智库的兴起，认为智库是将知识转变为政策的一系列过程。相关专家学者们大多以不同地区和类型的智库为例，围绕资金筹措机制、项目管理机制、宣传推销机制、合作交流机制和人才培养机制五个方面，对其组织结构和运作模式进行案例分析，总结智库的成功经验和存在的问题（梁丽，2016）。

国内方面：张家年（2016）提出智库应具备知识创新、思想创新、问题解决、决策服务等能力。左学金（2008）介绍了上海社科院为提高科研能力、服务智库建设而在科研管理方面采取的具体措施。朱贝（2014）以零点研究咨询集团为典型案例，梳理了我国社会智库能力建设的发展阶段、取得的成果以及遇到的障碍，针对社会智库能力构成的主要方面提出了相应的对策建议。廖周（2015）指出，地方社科系统应加强智库能力建设，提高智库产品影响力。柏必成（2015）指出，智库能力建设应以思想产品质量的不断提高打造智库核心竞争力，以传播能力的不断增强促进智库思想产品的应用转化。李国强（2015）提出，智库建设工作与智库具体咨询研究工作有所不同，要加快中国智库建设创新，提升智库治理能力。曾建勋（2015）提出图书情报机构要顺应智库建设潮流，探讨智库服务转型道路，提高智库服务水平（梁丽，2016）。

国内学者对智库建设的研究，以对欧美的研究居多，原因之一可能是这方面资料很多，信息比较丰富，又有几部专著出版。但是从总体来看，新意较少，因为材料固定，大家都用，观点难以创新；而且从文章来看，许多作者可能对我国的决策咨询研究总体情况了解不深（例如很多文章没有提到还有大量软科学研究报告）。美国智库除极少数军方以及 CRS 等外，基本上是民间性质的，而且欧美国家智库的独立性是众所周知的，将这些作为我国的"对策建议"则要面对许多挑战，不是随便说说就可以的。

从智库建设研究现状分析中可以看到，目前国内学者提出了我国智库建设中存在的问题有：具有国际影响力的专业化智库较少，智库在全球发声还是比较弱的，与欧美等国家智库相比存在差距。智库建设是个长期的过程，现阶段出现了智库建设泛化的问题，使得智库建设缺乏顶层战略设计和明确合适的目标定位，同时也缺少长期性的战略研究类智库成果。特别是高水平智库建设方面，存在着运行机制建设和研究团队人才建设等尚不完善、高质量思想产品较缺乏、智库成果与政策需求之间的信息不对称情况。

2.2.2 农业智库建设研究现状

国外关于不同专业类型智库建设的研究，经文献搜集和内容总结，可以发现较多集中在健康类智库建设的研究，而缺少对农业类智库建设的专门研究。在收录 SCI 和 SSCI 的 WOS 数据库上分别以"agriculture think tank"和"agriculture research institute"作为主题进行检索，可以检索出 8 篇和 642 篇文献，检索时间为 2017 年 4 月 18 日。其中，朴席熙（2010）以韩国的农业科研机构为例，分析了政府机构公司化的责任和管理问题。Meze-niece（2010）分析了拉脱维亚农业科研院所的融资机制。Jansons（2009）介绍了拉脱维亚大学农业研究所 1990—2009 年间的科学研究活动。由于西方国家智库建设重点强调对社会和政治的影响作用，其理论基础主要是政治学理论、社会学理论和知识学理论，因此 Bert Fraussen 和 Darren Halpin 在 2017 年的文章中，统计分析了澳大利亚 59 家有高影响力的智库，其中只有一家是农业类智库，即成立于 2003 年的 Australian Farm Institute（Fraus-sen，2017）。

国内关于农业智库建设方面的研究，大多从宏观角度探讨农业型智库建设政策选择问题。王江君（2014）分析了苏州农业智库的运行条件和不足，提出了强化农业智库资源建设的建议。许宝健（2014）介绍了以乔治莫里斯中心（George Morris Centre）为例的加拿大农业智库的运行机制、生存现状以及问题，认为加拿大农业政策制定主要存在两大缺陷：一是公开性不够；二是公众参与度不够。李秀枝等（2011）阐述了农业信息智库的基本概念与任务，分析了农业信息智库的意义，探讨了农业信息智库的建设途径。陈丽娜（2016）报道了农业部成立专家咨询委员会的消息，称其汇聚了来自不同领域的高水平专家，是直接面向国家服务的农业智囊团。梁丽等（2016）分析了美国农业智库的组织结构、运行机制和发展特点，并对中美农业智库的行为进行了对比分析。

从农业智库建设研究现状分析中可以看到，现有国外相关学术文献中关于不同专业类型智库的研究，较多集中在健康类智库的研究，而缺少对农业类智库的专门研究。国内关于农业智库方面的研究，大多从宏观角度探讨农业型智库建设的政策选择问题，进行实例分析和案例定量分析的比较少，采用的数据样本也比较小，对农业智库的功能、资源、能力、制度等缺乏完整的理论框架，研究结论各异；评价各不同专业类智库时也没有一个评价方法的选择准则可供参考，理论成果的实践推广应用受到制约和局限。

2.2.3　国内外研究总结

2.2.3.1　智库建设问题成为学术界关注热点

国内外学术界十分关注智库的建设问题并进行了相关研究，对智库的概念、功能、能力、竞争力、影响力进行了探讨，同时也对智库发展中的一些问题和发展前景提出了不同的看法，取得了较多成果，丰富了本领域的研究内容。国内关于智库方面的研究，有一些相关的研究成果已经出版过，他们的工作具有开创性并为本领域的研究打下了一定的基础。2015 年南京大学中国智库研究与评价中心调研组在调用了国内知名图书馆的联机目录和数据库基础上，合计发现 2015 年国内共出版了 25 种智库类研究图书，共发表了 1 800 余篇智库类相关学术研究论文。上海社会科学院智库研究中心等评价机构发布年度研究报告对各智库机构的影响力进行评价。各智库机构在国家政策大力支持的良好契机下，积极推进本领域各类型专业化智库事业建设。各学科领域都积极探讨智库建设问题，智库建设问题业已成为学术界关注的热点。

政府指出要建设"中国特色新型智库"，以提升公共决策的质量。中央全面深化改革领导小组第六次会议还审议了《关于加强中国特色新型智库建设的意见》，提出"中国特色新型智库体系"的新命题。在这个背景下，中国智库逐渐成为研究热点。在 2015 年度国家社科基金指南中，针对智库的研究课题多达五个。要想"统筹协调不同类型智库的发展，形成定位明晰、特色鲜明、规模适度、布局合理的中国特色新型智库体系"，就需要深刻理解中国智库的影响机制和角色差异。

四川省社会科学院、中国科学院成都文献情报中心联合对外发布《中华智库影响力报告（2015）》。报告筛选出我国 2014 年度的十大热点议题，即全面深化改革、城镇化、新常态、"一带一路"、大数据、依法治国、粮食安全、自贸区、小康社会和智库。同时，报告还围绕热点议题，分析了我国智库机构和智库研究专家的分布情况，并从基金资助角度讨论了国内智库发展的外部动力。同时该报告从决策影响力、专业影响力、舆论影响力、社会影响力和国际影响力五个角度，对我国的 276 家智库进行了综合评价、分项评价和分类评价，并提炼出我国智库及其影响力的五大特征。由中国科学院成都文献情报中心和四川省社会科学院联合建设的"中华智库研究网"随报告发布同时上线。该网旨在全面采集和梳理我国与智库研究相关的机构、专家、论文、报道等信息的基础数据和基本素材，整合多种数据分析指标和可视化工具，对智库进行动态监测和热点分析

（梁丽，2016）。

曾建勋在 2016 年第六期的《数字图书馆论坛》杂志主编寄语中，特意执笔讨论推进图书馆智库服务，提出图书馆既要服务于智库建设，智库自身也要建设图书馆。在智库建设的潮流背景之下，图书馆需在服务智库建设中壮大自己、发展自己，丰富和完善智库服务功能，寻求服务自我转型、能力自我提高。

智库期刊方面，2016 年，中国科学院文献情报中心和南京大学联合主办创刊了《智库理论与实践》杂志，并且创建了"智库研究"微信公众平台账号。《情报杂志》等图书情报专业学术期刊也专门开辟了智库研究栏目，对图书情报机构的智库问题进行专题研究。

2.2.3.2 国内农业领域案例样本和定量分析较少

现有国外相关学术文献中关于不同专业类型智库的研究，较多集中在健康类智库的研究，而缺少对农业类智库的专门研究；关于健康类等其他专业类型智库的研究，更多地侧重于实例研究，数据分析量也比较大，取得了较多成果，值得我们借鉴。从我国对农业智库建设研究的现状可以看出，业界学者基本形成一种共识，肯定了农业科研机构对智库发展的促进作用，但目前国内研究更多地停留在理论研究的层面上，进行实例分析和案例定量分析的比较少，采用的数据样本也比较小，多属跟踪研究和具体性、经验性的总结，这在农业智库建设研究初期是不可避免的现象，但同时也是目前我国在此研究领域面临的较大挑战。

2.2.3.3 智库评价方法各有不同且缺少准则

目前学术界对智库的评价体系存在着争议，评价方法和评价指标各有不同。对一个复杂对象的评价能否准确，不但受所遴选的专家咨询队伍的构成以及被评价对象指标体系构建的影响，还受到所选择评价方法的影响，对同一研究对象使用不同评价方法得出的结论可能存在着较大差异（Song Rush-un，2000）。该怎样从方法论角度解决评价结果的非一致性问题，是影响力评价研究领域一个亟待解决的问题。

同时，目前针对不同类型智库的专业性评价研究较少，且农业类智库与普遍意义上的智库相比，具备自身独有特征。另外从战略功能和体制结构上讲，国内智库又分为官方、民间营利型、民间非营利型智库等。关于每一类别、每一专业性智库影响力的评价标准，在智库评价研究领域尚无定论。虽然综合评价方法各有千秋，但其研究方法机理各异，对不同的有待评价专业领域具有不同的适用性，并不是所有的评价方法都适用于同一对象，所以在评价农业智库时没有一个评价方法的选择准则可供参考。

2.2.3.4 理论研究成果与实践应用缺少契合

从目前国内外相关研究文献来看，很少能够拿出一整套实用的方法框架，应用于智库建设的实践工作之中。例如，世界著名的宾夕法尼亚大学麦甘教授及其团队每年公布的全球智库影响力报告，以及在国内颇具影响的中国上海社会科学院智库研究团队每年公布的中国智库影响力报告，都是建立不同的影响力评价指标体系，然后选择众多智库机构，对其进行排名。排名结果对学术界了解中国智库发展情况具有理论性的指导意义，然而在排名评估过程中使用到的研究方法框架和指标构建体系，却并没有作为理论指导应用到智库建设的实践工作中去，大多仅是智库如何建设层面的政策理论指导，而并没有形成统一被认可的行业标准，未用于日常智库建设或对智库影响力的实践评估工作进行指导。有实用价值的智库建设方案和评价支持系统软件缺乏，理论成果与实践应用距离较远，这使理论成果的实践推广应用受到制约和局限。

2.2.4 未来的发展方向

2.2.4.1 理论方法体系仍有较大改进空间

国内外关于农业智库建设的研究仍处于初级阶段，相关理论研究方法体系尚有很大的改进空间，定量分析方法还有待广泛运用，中国特色新型智库和各类型专业智库的建设工作也存在很多空白区域。从国内研究趋势来看，国内智库研究工作正在从定性研究到定量研究、从个体研究到专业领域研究、从对欧美发达地区的研究到对全球范围研究转变。过去国内关于农业智库方面的研究，大多从宏观角度探讨农业智库建设的政策选择问题，而少有对农业智库建设完整体系内容的研究，关于农业智库的要素、功能等，也是缺乏完整的理论框架，研究结果各异（梁丽，2016）。我国对中国国家级农业智库的战略方案、资源和能力构成以及制度保障等缺乏系统的研究，到底该如何借鉴国外智库的成功经验，并如何结合我国实际，尚待进一步验证。

2.2.4.2 应考虑利用翔实充分的案例获得有参考价值的数据

中国需要智库，需要借鉴国外经验，然而由于我国的民主法治建设刚刚起步，市场经济刚具备雏形，怎样获得有参考价值的数据，如何使其他国家经验为我所用，需要研究者深入思考。应考虑在智库发展相对成熟的美国、英国、日本、韩国等国家选择丰富的成功案例，不但要包括典型的农业智库案例，还要包括其他专业类型智库的成功案例，对功能作用、运行模式、建设经验等都做一番研究，以及对不同国家在智库建设方面的同质性、同效性、异质性、异效性进行比较，将一个工作系统清晰无误地呈现在我国农业行业各级领导与管理部门面前，获得对我国智库建设的宝贵借鉴意义。同时，目前关于中国智库参与政府政策制定过程情况的信息获取渠道非常有限，例如智库产出的内部报告数量和报告被采纳的数量等指标数据很难被获取。

2015 年 8 月 31 日，国务院发布了《促进大数据发展行动纲要》，明确提出政府内部相关部门之间需数据库共享与信息公开的政策要求。2017 年 6 月，我国实施了 9 年的《中华人民共和国政府信息公开条例》终于迎来修订，6 月 6 日，由国务院办公厅、法制办公室起草的《中华人民共和国政府信息公开条例（修订草案征求意见稿）》正式发布。"修订草案"对政府信息公开放宽范围，明确各级政府信息公开的职责和标准，力求为打造"阳光政府"提供制度保障，这将对推进我国智库的基础设施建设和信息获取工作具有里程碑式的指导意义（梁丽，2016）。

2.2.4.3 应考虑不同专业类型智库机构的自身特征

智库是生产智力产品的机构，运行机制比较复杂，隐性知识和影响因素较多。而且，现有智库类别较多，区域性、结构性、专业性等差异较大。从类型上讲，按照不同机构属性，国内智库可划分为党委型智库、官方型智库、科研机构型智库、大学附属型智库、营利型社会智库、非营利型社会智库；按照不同功能属性，国内智库又可划分为学术型智库、咨询型智库、媒体型智库、论坛型智库等；按照不同专业学科领域，又可分为农业智库、健康智库、军事智库等。智库建设不仅要体现系统性和规范性，也应该能够客观反映每一智库类型的独特性。农业科研机构具备提供农业政策参考咨询服务、农业信息搜集服务、农业资源门户网站建设服务、农业成果加工及保存服务、农业学科评估服务、农业情报分析服务等独有的智库功能，因此在分析农业智库的要素构成、设计农业智库的战略方案、选择农业智库建设的政策建议时，应充分考虑到农业智库机构独有的智库功能，以符合智库建设的专业性要求（梁丽，2016）。

2.2.4.4 应考虑智库建设的系统性和动态性

智库可看作是一个将知识转化为决策的系统，根据系统工程理论，任何系统都是一个有机的整体，它不是各个部分的机械组合和简单相加，系统的整体功能是各要素在孤立状态下所没有的新质。系统科学认为系统的主要属性有整体性、关联性、动态性、目的性、有序性等。其中动态性原理是指系统是一个"活"的有机体，在元素之间、元素与系统之间、系统与环境之间都存在着物质、能量、信息的流动，系统的平衡与稳定是一种动态的稳定。因此需要以系统工程为指导，将智库建设工作作为一个整体性的系统工程，从顶层设计的高度，在宏观上对国家级农业智库建设的功能目标进行战略定位，以从根本上寻找中国国家级农业智库建设方案的实现路径，解决以往智库运转中面临的一些实际问题（梁丽，2016）。

以上不完全的回顾为农业智库建设和后续学者们的研究做出了很大的贡献。但是，在文献中仍然发现了一些不足之处。例如，目前国内智库研究进行实例分析和定量分析的比较少，采用的数据样本也比较小，多属具体性、经验性的总结。现有国外相关学术文献中关于不同专业类型智库的研究，较多集中在健康类智库的研究，而缺少对农业类智库的专门研究。国内关于农业智库方面的研究，又大多从宏观角度探讨农业型智库建设的政策选择问题，进行实例分析和案例定量分析的比较少，采用的数据样本也比较小，对农业智库的功能、资源、能力、制度等缺乏完整的理论框架，研究结论各异；评价各不同专业类智库时也没有一个评价方法的选择准则可供参考，理论成果的实践推广应用受到制约和局限。同时，中国智库建设需要借鉴国内外成功经验，然而由于我国的民主法治建设刚刚起步，市场经济刚具备雏形，难以获得国内有参考价值的数据，且目前关于国际上美国、英国等发达国家以及日本、韩国等与我国文化环境相近的国家的智库建设情况的典型案例分析，特别是对国外农业类智库的案例分析，仍然不够充分。

本研究将在现有文献的基础上，从翔实的案例分析入手获得有参考价值的数据，以国家级农业智库区别于一般智库的功能定位为切入点，综合运用政治学理论、系统工程理论、资源基础理论、竞争力理论、博弈论、情报分析理论及制度结构理论，围绕我国国家级农业智库建设这一核心科学问题开展研究，主要包括"中国农业智库建设的现状与问题""中国国家级农业智库建设的经验借鉴""中国国家级农业智库建设的影响因素""中国国家级农业智库建设模型构建""中国国家级农业智库建设的对策建议"五个研究内容，五个内容从提出问题、分析问题到解决问题逐层深入，对如何建设中国国家级农业智库进行较系统的研究，以期在丰富智库建设学术理论的同时，对中国国家级农业智库建设的规划和实施有所裨益，并为智库领域的研究做出补充和贡献。

考虑到已有文献的争论及不足，本研究将研究问题定位为中国国家级农业智库建设。具体来讲，针对"中国国家级农业智库是什么、建设什么内容、如何建设"问题，从建设的现状问题、建设的经验借鉴、建设的影响因素及模型构建三个方面进行问题分析，最终提出建设的对策方案，解决问题。本研究将做出的贡献是：①在典型案例分析的基础上，客观分析中国农业智库建设的现状，揭示我国农业智库建设中存在的问题；②选择国际典型成功案例，对比分析不同国家知名智库的发展特点，总结智库建设的国际经验；③针对我国问题，基于博弈论，构建博弈模型并求解，深入分析中国国家级农业智库建设的影响因素；④根据影响因素分析结果，构建中国国家级农业智库建设模型；⑤基于以上研究成果，提出促进中国国家级农业智库建设的政策建议。

2.3　理论基础

2.3.1　系统工程学理论和博弈论

2.3.1.1　系统工程学理论

系统工程学是实现系统最优化的科学，主要涉及应用数学理论（如概率论、网络节点理论、最优方法解等）、基础性理论（如系统可靠论、控制论、信息论等）、系统技术（如系统模拟、通信系统等）、经济学理论（如产业经济学理论、计量经济学理论等）、管理学理论、社会学理论以及心理学理论等各种不同学科。系统工程研究问题一般采用从上至下的先决定工作的整体流程框架再设计详细的目标实现程序，即一般是先进行系统的方法逻辑工作思维处理过程上的总体设计，然后分步骤进行实现总目标的各个子系统或者实现方案的具体问题的深入研究，以实现系统的整体功能最优化为目标，通过对工作系统的分解、综合、重构，来调试系统的结构，使之达到整体的最优化。各类系统问题均可以采用系统工程的方法来研究，系统工程方法具有广泛的适用性（梁丽，2016）。本研究在对中国国家级农业智库建设的模型构建和对策提出建议时，依据系统工程学理论，采取顶端设计的方法，对中国国家级农业智库建设的主要内容和制度保障体系进行构建。

2.3.1.2 博弈论

博弈论是指研究在特定的制约条件下，在不同团体或者众多个体之间存在的对局关系中，通过利用分析相关博弈方的不同策略方案，而实施的自身对应策略选择的学科。博弈论有时也被称为赛局理论或者对策理论，是研究不同组织或个人间具有竞争性或者斗争性现象的一门方法理论，它是应用数学的一个重要分支，也是运筹学的一个分支学科。通常认为，现代博弈论是在 20 世纪 50 年代，由美籍匈牙利著名数学家约翰·冯·诺依曼（John von Neumann）和美国经济学家奥斯卡·摩根斯坦（Oscar Morgenstern）共同提出的。目前博弈论已成为理论分析，特别是经济学领域分析的主要方法工具之一，对信息经济、产业组织理论、委托代理理论等经济理论的发展做出了非常重要的贡献。并且博弈论在生物信息学、经济学理论、信息技术科学、政治外交学、国际安全学、军事战略理论，以及其他很多学科都具有广泛深入的应用。本研究在对中国国家级农业智库建设的影响因素分析中，充分借鉴了博弈论，结合竞争力理论，分析中国国家级农业智库的博弈关系以及影响因素构成。

2.3.2 基于政治学理论的智库相关理论

2.3.2.1 精英理论

精英理论（elite theory）将社会性质和政治关系解释为一种由统治者和精英人物决定主导的运作机制，认为分析少数社会精英和政治精英能够揭示社会和政治的本质。米尔斯（Mills et al.，1959）在《权力精英》一书中论述了精英理论：政治精英、军事精英和经济精英是美国三大主要的权利精英主体，他们决定了美国社会的本质和规律。戴伊·托马斯（Thomas，1986、1987、2001）将美国的权力精英扩展到新闻媒体记者、事务所律师、基金会负责人、智库管理者和著名高校的董事会成员。根据精英理论的研究框架，智库管理者和研究人员是社会精英组成的一部分，对国家公共政策的制定产生重要的影响力。至于这些精英通过什么方式去影响政策决策，多姆霍夫·威廉姆和戴伊·托马斯（William et al.，1987）提出了亲密纽带（close tie）概念，将社会关系网络理论与精英理论方法进行结合来分析智库机构影响美国公共政策决策的途径和方式（梁丽，2016）。

2.3.2.2 多元理论

杜鲁门（Truman，1981）和达尔（Dahl，1967）等人发展起来的多元理论（pluralist theory）认为，社会是多元的，政府决策是社会不同利益集团相互竞争和妥协的结果。利益集团是具有共同目的和利益的独立个体为影响国家公共政策制定而结成的不同团体，公共政策研究机构与试图影响公共政策制定的其他组织一样，同样被视为多元理论应用分析学者们的研究对象。因为西方国家智库声称的独立性和专业性，使智库与舆论媒体、贸易组织、民间机构等其他非政府组织共同参与到影响公共政策的竞争过程之中，最终通过智库专家的意见来影响公共政策。因此，智库参与公共政策竞争过程中的影响力发挥问题就成了基于多元理论的政治界和学术界研究的热点（梁丽，2016）。

2.3.2.3 国家理论

国家理论认为，国家的职能作用主要包括阶层统治、社会管控、安全保卫、抵御外敌和侵占他国等，这些国家职能决定了一国制定政策的战略走向。西达·斯科波尔（Skocpol，1979、1995、1999、2003）在其著作《国家与社会革命》《美国的社会政策》《民主、革命和历史》《削弱的民主》中对组织现实主义国家理论进行了阐述，她认为：国家政策的制定确实受到社会官僚等权力群体行为的影响，但同时国家的运行具备自身的逻辑和规律。斯蒂尔曼·亚伦（Aaron，2003）提出：国家自身就是一个不可或缺的参与者，智库的参与结果并不一定能影响最终的政策制定。某些时候，并不能证明某个智库影响了国家公共政策的制定，相反，国家的意志能够影响所有政策参与者，包括智库的行为。国家理论有助于解释为什么有些智库专家在进入政府工作前曾主张某项政策制定，但最终进入政府工作后，却起草出与其初衷不尽相同的政策的诸多案例（梁丽，2016）。

2.3.3　基于知识学理论的智库相关理论

2.3.3.1　信息资源管理理论

20 世纪 70 年代末，信息资源管理作为信息管理的重要组成理论开始在美国兴起。信息资源管理理论认为：信息管理包括对信息资源的管理和对信息活动的管理。其中，信息资源是指信息活动中各种信息相关要素的总称，包括信息本身、信息技术、信息设备、信息资金和信息人员。霍顿（Hortan，1985）提出，信息资源是一个组织机构所拥有的战略资产，信息资源管理是一种基于信息生命周期规律的管理活动。智库工作会收集和分析所有形式的信息资源，其研究行为以各类信息为形式运转循环，最终产出信息成果影响领导层的决策。智库影响公共决策的途径主要包括撰写研究报告、编写信息简报、出版专著、定期发行刊物等，通过政府、媒体和公众各种信息渠道报送和传播信息，影响社会舆论和政府决策。信息管理理论中的信息流、信息生命周期等概念，对智库研究工作具有重要的参考价值（梁丽，2016）。

2.3.3.2　情报分析理论

情报分析是以社会用户的特定需求为依托，以情报学研究方法为手段，通过对情报的搜集、整理、甄别、评价、分析、反馈等系列化的加工过程，形成增值的信息产品，从而为科学决策提供客观适用的科学依据的一项具有科研性质的智能活动。情报分析广泛存在于社会的各个领域和层面。情报是决策科学化的资源基础，情报分析服务是智库实践工作的一项重要内容。智库成果是情报资源与专家智库的结晶，情报分析服务也具有相同的特性。情报分析过程中的情报搜集、情报整理、情报分析与情报反馈等过程分别对应着智库成果产出过程中的数据收集直至政策分析与评估的各个过程。具体来说，在智库数据收集加工的过程中，可以利用情报挖掘技术实现智库所需关键信息的获取与筛选，以及情报资源的配置、规划、利用和存储等问题。某一学科领域的技术报告、专利文献等，也是智库分析过程中必不可少的资源储备（李纲，2015）。

2.3.3.3 知识管理理论

20世纪60年代初，美国管理学家彼得·德鲁克（Drucker，1966）首先提出知识管理的概念，他指出我们正在进入知识社会，在知识社会中最基本和最重要的资源是知识，知识资源和知识工作人员在知识社会中将发挥主要作用。在信息时代和大数据时代，知识已成为最主要的智力和财富来源，知识管理将使组织机构具有更强的竞争力，并有能力做出更科学适用的战略决策。智库机构本身具有知识性，其研究团队凝结的专家智慧是智库知识性的主要表现。智库高质量成果的产出依赖于知识资源的重组与创造，例如智库对热点时事的分析以及对舆论危机的预警和解读，都与知识管理理论密切相关，智库分析和评价工具也同样依赖知识管理分析方法和工具（梁丽，2016）。在智库提升其竞争力的过程中，知识在智库运作中发挥了核心作用，知识赋予了智库研究人员能力提升的智力资源，是智库机构与公共政策最终确立之间的沟通桥梁（德鲁克，1999；汪丁丁，2012）。

2.3.4 基于企业管理学理论的智库相关理论

2.3.4.1 基于竞争战略观的竞争力理论

竞争力理论起源于管理学领域和经济学领域，美国战略管理学家迈克尔·波特（Porter，1990）提出了一个全面系统的企业竞争力分析框架——竞争力钻石模型，又称菱形理论或国家竞争优势理论。他认为，国家的竞争优势是各机构群竞争优势转化的结果，企业竞争优势的关键构成要素有：生产要素，需求因素，相关产业，战略决策，竞争对手，产业内部结构，政府行为，偶然机遇。生产要素、需求状况、相关支撑产业、企业的战略及产业结构和竞争对手为核心影响要素，政府行为和偶然机遇因素为其他附加的影响要素，它们构成了著名的竞争力钻石模型。本研究在对中国国家级农业智库建设的影响因素分析中，充分借鉴了竞争力理论，结合博弈论，分析中国国家级农业智库的博弈关系以及影响因素构成。

2.3.4.2 基于资源基础观的竞争力理论

资源基础学说把一个组织机构看作是各种资源的集合体，重点强调不同组织资源的特性，并以此来解释企业间的相互差异和各自的竞争力优势。资源基础学说为企业的竞争力提高指明了方向，即获取能给企业带来独特竞争优势的特殊资源。经济学家沃纳菲尔特（Wernerfelt，1984）提出，每个企业都具有独特的有形资源和无形资源，这些资源可转变为企业具备的独有能力，企业独特的资源和能力构成了企业的竞争优势，企业管理者可从三个方面获取其独特的优势资源，即组织学习、知识管理和战略联盟。根据资源基础学说提出的核心竞争力模型认为：一个组织的核心竞争力主要取决于其自身的能力，核心竞争力是一个组织自发学习的能力，尤其是协调和整合组织内部不同生产技术的能力。智库作为一种辅助决策的知识生产组织，在政府机关、高等院校、企业部门、舆论媒体和社会公众之间发挥着重要的桥梁和纽带作用，核心竞争力理论应用于智库机构和智库相关研究是一种科学适用的选择（梁丽，2016）。

2.3.4.3 基于能力基础观的竞争力理论

能力学派认为竞争力是一个组织具有的、使该组织能在一系列产品和服务上取得领先地位所必须依赖的关键性能力。能力学派将重点转向企业内部，强调企业战略的质量管理、再造创新。基于组织能力的竞争力理论仍然根植于经济学和管理学，它力求解释一个企业的资源如何转换成能力，在动态变化的竞争环境里产生绩效。如果将企业的能力看作是企业资源的一部分，那么基于组织能力的竞争力理论学派又属于广义的资源基础学派。如果将智库看作是一个企业组织，则智库的核心竞争力主要包括技术知识能力、对外影响能力和国际化能力。知识创新能力具体体现为智库具有发现新问题、提出新观点、开发新思想和创造新知识的能力，对外影响能力包括智库应该具有对政府的决策影响力、对学术界的学术影响力和对社会的舆论影响力，国际化能力包括智库发展的国际化程度、智库合作的国际化合作程度和智库活动的国际影响程度（梁丽，2016）。

2.4　本章小结

本章对智库概念的演变、定义智库概念的几点注意事项进行了阐述，对智库、农业智库、中国国家级智库等基本概念进行了定义和描述，对国内外农业智库研究工作和最新研究成果进行了现状总结和文献综述。最后在文献综述的基础之上，提出了本书研究所依据的理论基础。

第三章　国内外典型智库建设的案例研究

　　如何学习智库建设的成功经验，并结合我国国情和现实需要，是中国国家级农业智库当前需要考虑的重要问题。现有国外相关学术文献中关于不同专业类型智库的研究，较多集中在对健康类智库的研究，而缺少对农业类智库的专门研究；国内关于农业智库方面的研究，大多从宏观角度探讨农业型智库建设的政策选择问题，进行实例分析和案例定量分析的比较少。本章在文献分析和专家咨询的基础上，从翔实的案例分析入手获得有参考价值的数据，利用典型案例，采用案例分析法，分析国内外智库的行为、发展特点、运行机制，总结经验，发现问题。我国部分，根据全球智库报告2016智库排名情况、2016中国智库名录、2015国家高端智库试点名单以及智库机构的国内外知名度，选择我国智库的建设成功典型案例进行分析。考虑到研究对象对我国的借鉴意义，本研究又依据在全球范围内影响最广的宾夕法尼亚大学的《全球智库报告》，根据其国际知名度及与中国农业科研机构合作交流情况，从美国、英国、韩国、日本、非洲南部等充分选择案例样本。案例中不但包括国际食物政策研究所等农业类智库，还遴选了兰德公司、查塔姆社等非农业类智库建设的成功案例，对其运作特点进行分析，并对中外智库建设的基本情况和方案战略进行对比分析，进而从其他国内外各类型智库的建设经验上，获得对中国国家级农业智库建设的借鉴意义。

3.1 中国典型智库建设的案例分析

3.1.1 中国社会科学院农村发展研究所

在美国宾夕法尼亚大学麦甘教授智库研究课题组发布的《2014 全球智库报告》"全球智库 50 强"名单中，中国社会科学院排名第 20 位；2014 年和 2015 年均被评选为亚洲地区最强智库；在《2016 全球智库报告》中，其在全球最强智库名单中位居第 38 位。中国社会科学院农村发展研究所作为中国社会科学院的二级单位，在农业智库建设方面取得了显著的成绩，积累了宝贵的经验。

3.1.1.1 创建历程

1978 年，中国社会科学院农村发展研究所成立，截至 2017 年 6 月，中国社会科学院农村发展研究所共有工作人员 78 人，其中副研究员以上职称专家 40 人，行政辅助人员 15 人。该智库员工中 2016 年进入党政机关重要部门人数为 1 人，智库 2016 年度的投入经费数量为 1 020 万元，智库运营经费的主要来源是承担课题经费。中国社会科学院农村发展研究所认为促进智库发展、与科研机构合作最为有利，制约智库发展的关键问题是专家资源问题。

3.1.1.2 功能任务

中国社会科学院农村发展研究所专门从事中国农村问题研究，建设目标是探索中国农村经济和社会发展的规律，其主要科研任务是承担国家和地方各个层面的研究课题、提供决策咨询服务，同时也承担着农村发展方面的研究生培养任务。

3.1.1.3 知识成果

（1）出版学术专著

专著是专家智慧的主要体现，是学术成果的主要载体。中国社会科学院农村发展研究所 2015—2017 年三年间出版专著情况如表 3-1 所示。

（2）发表学术论文

在 CNKI 中检索 2012—2016 年中国社会科学院农村发展研究所的发文情况。统计数据显示，该智库机构的发文量在逐年上升，可见智库机构及专家对发表学术论文的重视。对近年来该机构发表学术论文的主题进行分析，发现高频词出现最多的是农民、影响因素、粮食安全等农业热点领域。该机构的高产作家有党国英、李国祥、杜晓山等，文章多在国家社会科学基金和国家自然科学基金的支撑下完成。

表 3-1　中国社会科学院农村发展研究所 2015—2017 年间出版专著情况

序号	名称	作者	出版社	出版年
1	红林村——一个京郊山村的经济社会变迁	潘劲	中国社会科学出版社	2017
2	万年村的幸福	廖永松	社会科学文献出版社	2017
3	中国村镇银行发展报告	杜晓山	中国社会科学出版社	2016
4	无工业村庄现代农业发展之路——山东良乡一村国情调查报告	徐鲜梅	中国社会科学出版社	2016
5	农村老年人口生活质量研究——基于对江苏省姜堰市坡岭村的调查	崔红志 等	中国社会科学出版社	2016
6	生态经济与美丽中国	于法稳 等	社会科学文献出版社	2016
7	农地改革、农民权益与集体经济：中国农业发展中的三大问题	李周　任常青	中国社会科学出版社	2016
8	国定贫困县下的村庄——云南白邑村国情调查	徐鲜梅	中国社会科学出版社	2015
9	村庄整治效果和影响的实证研究	崔红志 等	社会科学文献出版社	2015
10	中国城乡发展一体化指数：2006—2012 年各地区排序与进展	朱钢 等	社会科学文献出版社	2015
11	山海丰村——中国国情调研丛书·村庄卷	李静 等	中国社会科学出版社	2015

(3) 承担课题

以自然科学基金为例，按照时间倒序排序，通过查询国家自然科学基金委网站项目信息系统得知，2010 年以来中国社会科学院农村发展研究所承担的部分学术科研项目主要有中国耕地复种指数的时空变化及其社会经济影响因素研究——基于县级面板数据的实证分析、城镇化背景下食品消费的演进路径研究、农地确权对农地流转市场影响的实证研究——兼论农地流转市场的交易成本及其变化、基于质量安全的中国食品追溯体系供给主体纵向协作机制研究等，其中 2015 年和 2016 年没有查找到该所国家自然科学基金项目主持记录。

（4）主办刊物

中国社会科学院农村发展研究所主办刊物具体情况见表3-2。经过对中国社会科学院农村发展研究所相关管理者进行访谈得知，该所2015年给政府工作人员培训和授课3次，承接政府研究项目31次，研究成果被领导批示16次，承办会议及讲座6次，向党委政府及其职能部门报送的内刊16种，这表明研究所从多个方面积极产出智库成果。

表3-2　中国社会科学院农村发展研究所主办学术刊物

序号	刊物名称	影响因子	出版周期	国内统一刊号
1	《中国农村经济》	2.111	单月刊	CN11-1262/F
2	《中国农村观察》	1.888	单月刊	CN11-3586/F

资料来源：中国社会科学院农村发展研究所官方网站（http://rdi.cssn.cn/xskw/zgncjj/）。

3.1.1.4　管理方式

中国社会科学院农村发展研究所实行理事会管理制度，该研究所的管理人员主要由两大部分组成，分别是理事会和学术委员会。它的组织机构包含行政管理、科研室、研究中心和教学中心。行政管理的部分由5个部门组成，分别是办公室、科研部、编辑部、参考室、互联网室，分别对日常事务、科研项目、出版物出版、图书、数据和网络运行进行管理。另外，科研室承担了政策研究和决策咨询的任务，为政府的主要领导提供信息服务。而研究中心通过研究，为党中央和国务院提供政策建议。除了科研室和研究中心，该研究所还拥有中国社会科学院农村发展研究所研究生院，承担了开展农村发展研究生培养的任务。

3.1.1.5　建设战略

（1）成立中国社会科学院城乡发展一体化智库

2016年9月6日，城乡发展一体化智库在中国社会科学院农村发展研究所正式成立，中国社会科学院院长兼党组书记王伟光指出，城乡发展一体化智库的主要建设目标是：服务国家农业战略需求；搭建开放的农业研究平台；加强农业人才队伍建设。中国社会科学院城乡发展一体化智库由中国社会科学院院长兼党组书记王伟光、全国政协经济委员会副主任陈锡文担任智库名誉理事长。

（2）创办高端智库平台中国农村发展论坛

自 2017 年 3 月开始，中国社会科学院农村发展研究所开始创办中国农村发展学术论坛，其是国内外知名学者讨论中国农村发展及相关问题的高端智库平台。2017 年 3 月 15 日的论坛，中国社会科学院农村发展研究所邀请了全国政协委员、政协经济委员会委员且多次受李克强等国家领导之邀座谈农业经济工作、被媒体称之为"中南海问策"的贾康，做了题为《供给侧结构性改革：创新中如何运用制度和技术实现经济转型》的学术报告，影响强烈。

（3）发布《国家智库报告》系列成果

《国家智库报告》系列书籍是由中国社会科学院农村发展研究所等多家研究所联合研创的系列书籍，包括《农地改革、农民权益与集体经济：中国农业发展中的三大问题》《"一带一路"战略：互联互通、共同发展：能源基础设施建设与亚太区域能源市场一体化》等 9 册图书。这是中国社会科学院农村发展研究所自从启动农业智库建设以来发布的首批成果，对于中国企业投资策略选择和政府政策制定具有指导作用。

3.1.2　国务院发展研究中心农村经济研究部

国务院发展研究中心 2016 年入选"全球智库 150 强榜单"（排名第 52 名）。国务院发展研究中心农村经济研究部是其下属的二级单位，其在农业智库建设方面积累了宝贵经验。

3.1.2.1　功能任务

国务院发展研究中心农村经济研究部的主要功能是对中国国民经济、社会发展和改革的问题进行研究，对重大政策和客观解释进行独立评价，为党中央和国务院提供政策建议。

3.1.2.2　成果产出

（1）研究报告

国务院发展研究中心农村经济研究部 2016—2017 年研究报告如表 3-3 所示。

（2）媒体报道

近年来，国务院发展研究中心农村经济研究部接受中央媒体的访问比较多，这在很大程度上扩大了该部的国内外影响力，并同时起到了社会舆论引导和政府公共政策参考咨询的作用，也是其能够在世界智库名录上始终排名前列的原因之一。表 3 - 4 展示了国务院发展研究中心农村经济研究部 2016—2017 年以来的部分受采访记录。

表 3 - 3　国务院发展研究中心农村经济研究部
2016—2017 年间部分研究报告情况

编号	名称	作者	时间
2017 年第 11 号（总 5086 号）	韩国公共机构疏解经验值得借鉴	伍振军　施成杰	2017 年
2016 年第 190 号（总 5073 号）	重建应用研究体系，促进企业创新发展	袁东明　程郁	2016 年
2016 年第 179 号（总 5062 号）	支持发展农产品产地初加工解决农民"增产不增收"难题	程郁　周群力　彭超　杨琴	2016 年
2016 年第 159 号（总 5042 号）	进城落户农民"三权"转让的总体思路	叶兴庆	2016 年
2016 年第 158 号（总 5041 号）	继续释放城乡间资源再配置效应	叶兴庆	2016 年
2016 年第 140 号（总 5023 号）	借鉴国际经验改革我国农业支持政策	程郁　叶兴庆	2016 年
2016 年第 138 号（总 5021 号）	梁平县农民承包地退出试验可行	张云华　伍振军　刘同山	2016 年

表 3 - 4　国务院发展研究中心农村经济研究部
2016—2017 年以来的部分受采访记录

序号	采访内容	受采访人	媒体	日期
1	谈两会农业方面可能的热点	叶兴庆	中央人民广播电台《中国乡村之声》	2017 年 3 月 3 日
2	谈健康扶贫	叶兴庆	CCTV - 1《新闻联播》	2017 年 3 月 1 日
3	谈邮政扶贫	叶兴庆	CCTV - 4《走遍中国》	2017 年 2 月 28 日
4	解读中央 1 号文件	叶兴庆	CCTV - 1《新闻联播》	2017 年 2 月 6 日
5	解读中央 1 号文件	叶兴庆	CCTV - 2《央视财经评论》	2017 年 2 月 6 日
6	谈粮食安全	叶兴庆	CCTV - 1《新闻联播》	2016 年 12 月 22 日
7	解读三权分置改革	叶兴庆	CCTV - 2《央视财经评论》	2016 年 10 月 31 日
8	谈扶贫大数据利用	叶兴庆	CCTV - 1《新闻联播》	2016 年 10 月 29 日

资料来源：国务院发展研究中心官方网站（http://www.drc.gov.cn/yjlyyyjbm/xshd/10.htm）。

注：记录内容按采访时间倒序排序，数据获取时间为 2017 年 3 月 15 日。

3.1.2.3 管理方式

国务院发展研究中心农村经济研究部贯彻落实在党委领导下的主任负责制，按照党的干部负责的原则，由党委负责机关干部的培养、选拔、任用、监督和考核，主任负责中心科研行政管理、经费使用、人才队伍建设、战略规划、基本建设、后勤工作等方面的工作。国务院发展研究中心农村经济研究部现任部长为叶兴庆，张云华、程郁任副部长，该部由包括部长在内的11 名研究员组成，设有综合室、生产力室、组织制度室和非农产业与城镇化室四个研究室。

3.1.2.4 建设战略

（1）针对国家农业发展战略选题

在国务院发展研究中心的研究和咨询工作中，其注重满足中央的农业发展决策需求，将当前重大热点问题研究与中长期重大战略性问题研究相结合，积极开展具有战略性、重大性、全局性、综合性、长期性和前瞻性的问题的研究，取得了农业智库建设的良好成效。例如，2015 年国务院发展中心承担了中央交办的 17 项研究课题，对制定国家有关政策发挥了重要的决策咨询服务作用。

（2）搭建智库网络平台

2014 年 9 月，国务院发展研究中心主任办公会决定主办建设中国智库网，由国务院发展研究中心信息中心承办，共建单位为全国政策咨询信息交流协作机制成员单位以及上海社会科学院、深圳综合开发研究院等。网站主要栏目设有：智库要闻、观点与实践、中国智库、政府核心智库合作平台、国外智库、智库专家、成果发布、数据中心等。其中数据中心设有专家库、机构库、成果库和数据库等开放资源，在里面可以查到部分智库专家以及成果信息，为各智库单位的协同合作搭建了平台。

中国智库网致力于搭建以政府系统智库为主体的信息交流与合作平台，促进国务院发展研究中心与各类智库的沟通联系，促进智库之间的交流合作，服务中国特色新型智库建设。中国智库网秉承国务院发展研究中心"开门办智库"的理念，欢迎各类智库及相关机构加入中国智库网，携手合作，共同努力，促进中国智库不断取得新成就。

（3）推进体制机制改革

2011 年起，国务院发展研究中心提出了建设国内一流智库的奋斗目标，积极探索智库建设的组织管理形式和体制，积累了智库建设的宝贵经验。具体内容包括：创新科研管理体制，明确智库建设各部门的职能边界，提高行政管理部门对科研管理辅助的信息化和专业化水平，建立国家交办智库研究任务的快速响应机制，加大课题研究的跨部门、跨领域协同合作力度；创新人才培养体制创新，加强中心内部培养和面向社会引进人才并重的竞争性选拔制度，建立智库人才专家网络建设及合作交流机制，加强与国内和国际知名智库的合作力度；加强智库成果和知名度的对外传播宣传，扩大智库研究成果的国际影响，助力推进我国软实力；创新基础保障设施建设，根据建设国家高端智库的需要，优化发展研究中心机构设置，建设中心的中英文门户网站和中国智库网等系统平台，增加研究用数据信息，提高智库建设信息化支撑水平。

3.1.3　中国科学院科技战略咨询研究院

2015 年 11 月，中国科学院被确定为党中央、国务院、中央军委直属的首批 10 家第一类高端智库建设试点单位之一，并明确试点的重点任务是建设中国科学院科技战略咨询研究院（以下简称"战略咨询院"）。2016 年 1 月，战略咨询院开始组建，其定位是发挥国家科学技术方面的最高咨询机构作用，是中国科学院率先建成的国家高水平科技智库的重要载体和综合集成平台，并集成中国科学院院内外以及国内外优势力量建设创新研究院。

3.1.3.1　创建历程

2015 年 5 月，中国科学院组建非法人实体中国科学院科技战略咨询研究院，挂靠中国科学院科技政策与管理科学研究所，统筹协调中科院科研院所、学部、教育机构相关研究资源、队伍和平台，探索建立持续开展战略研究的机制。2015 年 11 月，中国科学院被确定为党中央、国务院、中央军委直属的首批 10 家第一类高端智库建设试点单位之一，并明确试点的重点任务是建设战略咨询院。2015 年 12 月，中国科学院党组决定，以中国科学院科技政策与管理科学研究所更名的方式组建事业法人机构战略咨询院。2016 年 1 月，战略咨询院正式组建，通过整合中科院文献情报中心、地理科学与资源研究所等单位的相关研究力量,推进深化改革工作。2016 年 10 月,中央编办批准中国科学院科技政策与管理科学研究所更名为中国科学院科技战略咨询研究院。

3.1.3.2 功能任务

战略咨询院的主要任务是发挥中国科学院优势,从科技规律出发研判科技发展的趋势和突破方向,从科技影响的角度研究经济社会发展和国家安全重大问题,聚焦科技发展战略、科技和创新政策、生态文明与可持续发展战略、预测预见分析、战略情报等领域,为国家宏观决策提供科学依据和咨询建议。战略咨询院目前正在参与的主要咨询任务有:国家高端智库下达的重大研究任务,国家有关部门委托的重大问题研究和第三方评估任务,支撑中科院学部的咨询评议项目,中科院委托的研究任务,以及竞争承担的其他部门、地方、企业等主体的相关研究任务。

3.1.3.3 知识成果

近年来战略咨询院开展了一系列国际合作研究项目(表 3 - 5),参与"中国减排的情景分析及相关政策导向研究""中欧信息标准化研究合作伙伴项目""支持欧盟研究机构参与中国科研与创新研究计划的合作""碳捕获与封存技术的政策法规研究"等欧盟第七框架项目,承担联合国相关部门委托的"亚太资源绩效研究""中国可持续生产和消费评价的指标体系研究",以及国际相关基金会委托的"中国应对气候变化立法能力建设"等项目,并与合作伙伴开展"中日韩联合技术预见"等研究。

表 3 - 5 2016—2017 战略咨询院的主要智库成果及研究方向

研究报告	主办刊物	研究领域	重要方向
《2017 研究前沿》	《科研管理》	科技发展战略研究科技和创新	智能机器人
《2017 研究前沿热度指数》	《科学学研究》	政策研究	老年痴呆症
《纳米研究前沿分析》	《中国管理科学》	生态文明和可持续发展战略研究	策略
《2016 研究前沿》	《中国科学院院刊》(中英版)	定量预测与预见分析	新材料 创新政策
	《科学与社会》	科技战略情报和数据平台	管理科学

3.1.3.4 管理方式

战略咨询院实行理事会领导下的院长负责制,学术委员会对发展方向和重大问题提出咨询意见，组织体系按照综合管理部门、学部研究支撑中心、研究部（所）、交流传播中心、科教融合单元等五个板块设置。

截至 2017 年，战略咨询院在职职工 194 人，在职职工中科研岗位 161 人，其中研究员 39 人、副研究员 65 人；在站博士后 52 人，其中国家杰出青年科学基金获得者 1 人；有博士生导师 21 人，硕士生导师 28 人；在读研究生 151 人，其中硕士生 55 人，博士生 96 人。理事会理事长为白春礼，学术委员会主任为李静海，咨询顾问委员会成员由任现职的或曾在中央研究部门、国家宏观经济管理部门和科技管理部门工作的高水平领导专家以及国外高水平战略专家组成。

管理板块设置联合办公室、科技管理、人力资源管理、科教融合管理、资产财务管理、对外合作交流 6 个部门；研究板块按照 5 大特色方向，设置科技发展战略研究所、创新发展政策研究所、可持续发展战略研究所、系统分析与管理研究所、科技战略情报研究所等 5 个研究所；学部支撑板块设置学部咨询研究支撑中心、学部学科研究支撑中心、学部科学规范与伦理研究支撑中心、学部科普与教育研究支撑中心等 4 个学部研究支撑中心，主要为学部开展咨询研究、学科研究、科学规范与伦理研究、科普与教育研究等提供研究和管理等学术支撑，并设置第三方评估研究支撑中心，为学部和院部开展第三方评估任务提供支撑；科教融合板块负责统筹协调国科大相关学院，推进科教融合创新单元公共平台建设；交流传播板块设置信息网络与传播中心，加强对外交流、成果管理与传播，建立数据共享平台。

3.1.3.5　建设战略

（1）具备高端意识，明确服务对象

战略咨询院在建院初始就明确定位和发展目标，将服务对象定位为党中央、国务院，为其提供咨询建议，同时战略咨询院产出的政策研究成果也应是高端的。在进行选题时，注意科学研究和政策研究的区别，把握好长期学科研究积累与短期决策咨询任务之间的平衡，既要保持学术方面的优势和特色，又要发挥学术积累作用，能够快速给党中央和国务院提出咨询建议。

（2）具备品牌意识，注重影响力建设

战略咨询院通过不同的知识载体和举办国际会议等工作，注重塑造并体现战略咨询院的品牌价值；同时用开放合作、兼容并包的态度，与国内外的知名智库建立联系，发展全球化战略与政策研究协同创新网络。战略咨询院还注重影响力建设，与科技界同仁以及海内外有识之士携手共谋发展，丰富中国思想、提供中国方案、创造中国价值、彰显中国气派，不断提高凝聚力、亲和力、影响力，努力成为全球科学技术和创新发展政策思想的引领者，为中国科学院率先建成国家高水平科技智库做出应有的贡献。

（3）完善工作机制，保障智库高效运行

战略咨询院在咨询院的自身内部机构之间以及学部和战略咨询院之间建立了一种高效的互动交流机制，开展经常性的联动互动，加强学部研究支持工作，促进与学部及院内各单位之间的沟通交流，广泛利用中科院各单位的资源，集中全院力量共同建设国家高水平科技智库。同时，战略咨询院围绕自身规划和定位制定人才需求发展规划，形成高水平人才的引进机制，并探索双向考评等评价机制。2017 年，战略咨询院与有关决策和宏观管理部门建立直接联系，对接机制取得突破性进展，国务院研究室和中国科学院依托战略咨询院建立了中国创新战略和政策研究中心，能够更好地服务国务院决策。

3.1.4　中国农业发展战略研究院

中国农业发展战略研究院是中国工程院和中国农业科学院于 2018 年共同设立、共同领导的，围绕我国"三农"重大战略问题及农业前沿科技问题开展咨询研究的专业化、学术型、非营利性农业智库机构。

3.1.4.1　功能任务

农业发展战略研究院以服务"三农"为宗旨，主要任务包括：服务国家战略需求，为国家和政府有关部门农业战略决策提供参考咨询服务；为国家现代农业产业发展布局提供指导建议，与企业、高校等建立创新战略联盟；培养具有国际视野的农业领域领军人才，推动农业发展战略相关学科发展。

3.1.4.2　管理方式

中国农业发展战略研究院是由中国工程院和中国农业科学院共同设立、共同领导的。研究院实行理事会负责制度，理事会设立理事长 1 名，副理事长、理事成员若干名，理事成员由中国农业科学院、中国工程院、农业部、西北农林大学等机关、高校和社会企业等不同单位推荐人员组成。理事会成员由中国工程院与中国农业科学院协商聘请。理事会设有秘书长,负责日常具体的行政管理工作。

3.1.4.3　建设战略

（1）以农业科技创新领域研究为特长

从我国农业智库的发展历程来看,农业智库建设的起源是辅助政府破解"三农"问题,促进国家农业现代化建设进程。例如,2015 年 12 月,农业部成立专家咨询委员会,汇聚了来自不同领域的高水平专家,其重点目标是解决"三农"问题,是直接面向国家服务的农业智囊团。对国内知名农业智库的研究领域进行分析,也能发现其大多是按照不同的农业领域问题设置的研究方向。

中国农业发展战略研究院由中国工程院和中国农科院共同筹建,是国家工程科技思想库战略研究联盟的重要组成部分,立志打造服务我国"三农"决策的重要宏观战略研究平台和国家农业高端智库。宏观战略研究一直是其依托单位中国农业科学院的科研总体布局中,最具基础性、引领性、方向性的重要领域之一。近年来,围绕我国农业农村经济和农业科技发展的重大问题,研究院开展了国家中长期食物发展战略、全国农业现代化评估等一系列重大问题研究,多项政策建议得到了国家领导批示,为国家完成农业宏观决策提供了重要的理论依据和科技支撑。

（2）以战略联盟汇聚农业智库专家智慧

2018 年 1 月,中国农业科学院联合中国工程院,共同筹建了"中国农业发展战略研究院",其目标是面向世界农业科技前沿和国家重大需求,产出具有政策性、前瞻性和战略性的高质量成果,逐步打造特色鲜明的具有世界影响力和知名度的国家高端农业智库。研究院院长由农业部党组成员、中国农业科学院院长唐华俊担任,中国农业发展战略研究院的成立,也标志着我国宏观战略研究领域的大联合、大协作迈出了新的一步。

3.2　国外典型智库建设的案例分析

3.2.1　兰德公司（RAND Corporation）

兰德公司是一家解决公共政策挑战的研究机构,旨在协助推进全球社区的安全、卫生与繁荣。兰德公司致力于公共利益，属于非营利性、无党派组织。因为研究领域的广泛性，兰德公司在军事、教育、健康等各专业类世界智库排名中均名列前几位，其在宾夕法尼亚大学智库研究项目组发布的2016年全球智库报告中位居世界最强智库排名第七名，考虑到兰德公司成立历史的久远及其深远的国际影响力，本研究将兰德公司遴选为美国典型智库进行分析。

3.2.1.1 RAND Corporation 的创建历程

1946年，兰德公司作为一项研究项目（兰德计划）由位于美国加利福尼亚州洛杉矶县圣莫尼卡地区的道格拉斯飞机公司启动，项目由美国陆军航空兵部队提供资金支持。1948年，在福特基金会的支持下，兰德公司正式成为一个独立的、非营利性的研究机构，致力于探索人类社会面临的最复杂和最严重的问题。关于作为非营利性组织却称呼自己为企业的原因，兰德公司解释说，自从1948年创立开始至今，除20世纪80年代中期到90年代中期大约十年的时间外，兰德公司都坚持以"公司"作为自己的独特公众品牌，以此与其他具有类似名称的组织和人名相区别。兰德公司致力于服务公共利益，通过研究和分析帮助决策者基于最佳可用信息进行决策，其研究涵盖人类社会最重要的问题（如能源、教育、卫生、司法、环境、国际和军事事务），属于非营利性的研究机构。作为一个无党派组织，兰德公司由于其研究结果的高质量和真实客观而广受世界各国认可，因此兰德公司的客户包括政府机构、基金会和私人企业，资金来源主要由社会各界慈善捐款以及兰德公司自身的业务收入构成，其研究经费仅限于投资研究项目本身以及维持机构日常运营。

3.2.1.2 RAND Corporation 的功能任务

兰德公司宣称：兰德公司的使命在于推进全球社区的安全、卫生与繁荣，其功能是发现和扩展新知识，并将研究成果广泛传播到科学界和人类全社会，为全世界客户提供研究服务、系统分析和创新思想，完成项目研究，达到学术目标，扩大知识面，解决科研问题，开发新的想法。辅助决策仅仅是兰德的使命的第一步，兰德公司也力争将观点传播到关键决策者、从业者和更广泛的观众的思想领袖，帮助选择和丰富公共辩论的质量，扩大其影响范围。以2015年兰德公司关于巴以冲突经济成本的研究报告为例，该报告及摘要的被下载量达到1万次，兰德公司收到来自世界各地对该报告的意见2.4万页，媒体提及量为 1 000 次，社交媒体提及量为 1 200 次，估计报告传播范围达到 2.3 万亿人次，可见兰德公司产出研究报告的社会影响力是巨大的。

3.2.1.3　RAND Corporation 的核心要素

（1）专家人才

随着兰德公司的壮大发展，研究领域涉及越来越广泛的学科范围，其人才构成也逐渐强调多元化的学科背景。

2016 年兰德公司总计有 1 875 名员工，比 2015 年增加了 75 名员工，汇集了来自全世界 53 个不同国家的顶尖人才；许多员工为双语人才，工作语言包括汉语、日语、韩语、俄语、法语、德语、西班牙语和阿拉伯语等在内的 75 种语言；并且 56% 的研究人员具有一个或者多个博士学位，另外 38% 的研究人员具有一个或者多个硕士学位。

兰德公司刻意构建多元化的项目团队，研究人员的专业背景涵盖广泛的学科门类。2016 年兰德公司的研究人员涉足 350 个不同的研究领域。按照学科背景划分，兰德公司研究人员专业背景占比排名前三位的学科为社会科学、政策分析学和政治学，其中社会科学学科专家占比 13%，政策分析学和政治学专业背景专家分别占比 10% 和 8%，另外团队专家学科背景还涉及数学、生命科学、国际关系、计算机科学、艺术与文艺学等其他领域，呈现了多元化的专业背景构成。

兰德公司不但拥有专业背景多元的专家人才，为了保证研究工作的效率，还雇佣配备有辅助管理人员，其数量甚至超过了研究人员的数量，使科学家在专心投身科研工作的同时，能够保证不被其他日常行政事务所打扰。

（2）技术

自创立以来，兰德公司发明了许多先进的研究方法和专业领域分析工具，例如现在理论学术界经常应用的德尔菲专家咨询法、头脑风暴法、综合规划法等，都是由兰德公司最先提出来并倡议使用的，此外在战略决策领域和政策分析领域还有诞生于第二次世界大战期间、应用于美军作战分析和军事作战计划规划制定中的运筹学、博弈论等方法理论，以及促进互联网发展和信息时代变革的人工智能技术、仿真演算模型等。知识创新是兰德公司对自己的定位，其宣称自己的使命在于发现和扩展新知识，并将研究成果广泛传播到科学界和全社会，为全世界客户提供研究服务、系统分析和创新思想。兰德公司信息领域科学家威利斯高度评价兰德公司为美国空军和其他高级研究项目机构等背后的信息技术领域英雄。

（3）知识产品

项目的选题决定着智库未来发展的走向，从兰德公司年度报告中对科研成果的报道可以看出，兰德公司的研究领域具有广泛性和多元化，高质量大范围的研究成果促进了兰德公司的成长，扩大了其在世界范围内的影响力。

兰德公司发布的 2016 年度报告指出：兰德公司累计项目数量超过 1 700 个，其中 2016 年较 2015 年相比，新增了 600 个新项目，研究领域逐渐多元是因为研究项目涉及广泛、拥有民间组织等收益、迎合特殊机构的咨询需求。

除了在官方网站上发布研究报告，兰德公司同时也建有自己的电子出版物——《兰德回顾》（RAND Review）。《兰德回顾》是兰德公司出版的电子杂志，它能帮助读者了解兰德公司最新的研究成果。该杂志每年发行更新六次，并可作为 App 应用程序在智能手机上安装使用。美国媒体评价兰德回顾 App "出色的简单"。2015 年兰德公司关于本土恐怖主义问题、劳动力多样性问题、老年痴呆症的医疗成本问题等的研究报告都能在兰德回顾官方网站和 App 应用程序上查找到。网络新媒体是兰德公司扩大影响力的宣传途径，由此可见智库要想良性发展必须有电子出版物，这也是网络时代和信息时代智库的重要构成要素之一。

同时，为保证研究成果的质量，兰德公司设有内部科研项目审查机制，其科研成果质量评估标准为：项目研究目的应是明确的，研究方法应是可行的，对研究相关领域应是了解的，研究所用数据和信息应是最佳的，研究结果应能促进知识发展和解决重要政策问题，启示及建议应是合乎逻辑的、具有可操作性的，文档应准确易懂、结构清晰、语气温和，研究应是令人信服的、对利益相关者和决策者有价值的，研究应该是客观的、独立的、平衡的。

（4）品牌影响力

不论在学术界还是民间，只要提到智库，想到最多的就是兰德公司，可见其建立的品牌效应和强大的社会影响力。无论是外界社会环境怎样变化，还是智库内部规模不断扩大，面对管理层面越来越多的挑战和困难，兰德公司成立多年而屹立不倒，并且在全球世界智库排名中始终名列前茅，这与其建立的品牌效应密不可分。一家公司的生存同个人一样，往往信誉要重要于能力，否则从何谈到可持续发展。

3.2.1.4 RAND Corporation 的管理方式

兰德公司制定制度规定不设立股东，公司在最高管理层——兰德公司理事会的领导下，实行总裁负责制。2017 年兰德公司理事会理事长为 Karan Elliott House，她曾为《华尔街日报》出版商，并曾担任以发行报刊为主业的道琼斯公司的高级副总裁。在理事会之下，兰德的日常管理和运作由总裁办公室负责，现任兰德公司总裁兼首席执行官为 2011 年由理事会任命至今的迈克尔·里奇（Michael D. Rich），他同时担任帕地兰德研究学院教授，开设课程指导学生，并作为招生委员会成员负责帕地兰德研究学院的博士研究生招生工作。迈克尔·里奇加入兰德公司后组织并参与了多项国防方面的科学研究和参考咨询项目。

在总裁办公室的领导下，兰德公司的组织结构分为科研部门和行政部门两大部分。其中，行政部门包括"国际事务部""对外事务部""研究服务与运营部""财务事务部""法律事务部"和"人力资源部"，各部门独立运行、各司其职，分别负责兰德公司的战略规划制定、科研服务与支持、对外宣传沟通、公司财务管理、项目推广宣传等。以研究服务与运营部为例，其下设基础设施服务、信息服务、知识服务、安全与安全性、调查研究小组、华盛顿办事处、匹兹堡办事处、波士顿办事处、新奥尔良办事处多个部门，对公司的科研业务工作提供全方位的服务与支持。

兰德公司的科研部门总体上包括四个研究单位：行为与政策科学部，国防与政策科学部，经济学、社会学部，工程与应用科学部。以上四个研究单位统称兰德公司全球研究智囊团。在具体研究领域上，兰德公司设置了相关研究中心或研究项目计划，有国土安全、兰德军队、兰德教育、兰德健康、兰德环境、兰德人口、兰德国防安全所，以及空军项目等。其中，兰德军队研究中心（兰德阿罗约中心）、兰德国防安全所以及空军项目为受联邦政府资助的重点研究中心，三个中心旨在深入探究美国国家安全问题，由美国国防部提供资助；而帕地兰德研究生院、帕地较长范围全球政策与未来人类环境中心、新兴政策与研究方法研究中心则由教授和研究生组成。

3.2.1.5 RAND Corporation 的保障制度

(1) 成果质量审查机制

兰德公司致力于公共利益，属于非营利性、无党派组织。兰德公司宣称，"优质、客观"是其核心价值。兰德公司研究的独立性、科学性和持续性，是其享有全球知名信誉和影响力的重要原因。在美国政治体系背景下，智库大多是独立于政府外存在的，这种独立性能保障其客观公正的政策分析立场，使其从国家全局利益出发，通过客观的研究形成严谨的研究成果，科学决策长期战略，针对解决短期问题。在美国民主政治中，国会议员往往仅考虑自身选区利益，而忽略了国家的全局利益，并且在国会上常因自身政治立场不同争执不下，从而导致政府立法环节的低效。因此，美国政府对于智库的客观科学决策能力的倚赖与日俱增，希望借助智库的专业性和中立性来加速法案的形成和通过。虽然由于资金支撑的利益关系，兰德公司背后存在一些利益集团，这些利益集团需要通过智库发声来影响社会舆论、左右政府决策以保障自身利益，但出于道德传统、社会舆论和美国法律的压力，兰德公司致力于为社会正义发声，以客观严谨的研究态度为基本原则，以客观高质量的研究成果来显示自身的公正，从而赢得了政府的信任和社会的支持。

(2) 多元化资源投入机制

通过对兰德公司的发展进程进行分析，可以发现兰德公司的发展呈现出多元化的特点，包括人才学科背景的多元化、资金来源渠道的多元化、选题方向的多元化。人才方面：兰德公司刻意构建多元化的项目团队，研究人员的专业背景涵盖广泛的学科门类。选题方面：最开始专注于军事领域，现在研究领域和选题扩展到国防、健康、司法的各个领域，无所不包。资金来源方面：主要渠道有基金会、企业和个人的赞助和捐赠，出售研究成果和其他出版物所得经营收入以及政府支持等。

具有深厚官方背景的兰德公司，相比成立初期主要接受来自美国空军的合同，到 2016 年兰德服务的客户和经费来源已经遍及各个领域，其经费来源主要是政府支持和委托项目。2014 年，政府和部队支持的经费来源占其经费总来源的 70%～80%左右（韩显阳，2015），这与其历史发展和积累得来的国际影响力是离不开的。兰德公司在公布其每年的资金构成的同时，也会公开其年度收入、支出和用户等信息，以此支持公司的资助者监督兰德公司的日常经费使用。

兰德公司在美国税务局登记为 501（c）（3）的非营利组织，可以享受联邦税法的税收优待政策，能够给予向其捐款的个人和机构以税收优惠。这不但使兰德公司在财务上比较独立，拥有较多的研究自由，不受政府等需求方的干扰及影响，保证了研究结果不受利益干扰的客观性，同时也因为捐赠的优惠政策，提高了民间相关人士和机构对兰德公司进行捐款的积极性。

兰德公司官方网站上设有公开的捐款界面，其中设有自愿捐款选项，当捐款数额达到一定程度时，可以申请成为兰德公司不同级别的政策圈会员。比如捐款达到每年度 1 000 美元，可以申请成为兰德公司政策圈简报系列会员，享有内部资料免费阅读、邀请兰德公司顶级研究人员进行私人会议、参加兰德公司专家论坛等权利；捐款达到每年度 10 000 美元，可以申请成为兰德公司政策界圆桌会议系列会员，享有与兰德公司领导、理事会成员、高级顾问及顶级专家交流，被邀请参加兰德公司举办的晚宴，与兰德公司邀请的政界、商界等来访者会面，参加高级别简报会等权益。

（3）宣传推广机制

为了争取资金资助、扩大政策影响力、巩固社会地位，兰德公司通过多种渠道宣传和推广其成果，具体包括：通过出版著作和研究报告、发表文章等方式阐述观点；通过举办会议、专题报告会和演讲活动等方式向社会展示科研成果；通过报纸、网站、博客、专栏等媒介与政府官员、媒体和公众进行交流；通过接受报纸、电视台、广播电台记者的采访扩大社会影响；通过参加国会听证会来提高自身影响力，等等。兰德公司将大部分研究成果发布在官方网站上，据统计，2016 年兰德公司图书馆与上年相比，新增了 550 多份兰德出版物和约 400 篇期刊文献，其中出版物包括报告、播客、视频和评论文章，这些出版物几乎都被兰德公司授权对公众开放，可以从兰德公司网站免费下载。2016 年兰德公司的网页文档下载量达到 740 万次，与前一年网页文档下载量相比增加了 60 万次，社交网络媒体推特（Twitter）追随者达到 10 万余人。

（4）协同运营机制

为了整合资源、提高自身能力，兰德公司与世界知名智库协同建设，吸收其经验，共同成长发展。世界健康类智库中排名第一的剑桥卫生服务研究中心就是其协同建设合作伙伴之一。

剑桥卫生服务研究中心（CCHSR）曾在连续三年的《全球智库报告》中名列世界健康类智库排名第一，是剑桥大学公共卫生学院与兰德欧洲两家机构的联合同盟智库机构。兰德欧洲是一家独立的非营利的政策研究所，是总部设在美国的兰德公司的分支机构，其目标是通过研究和分析帮助改善政策和决策，他们的跨学科和交叉研究涵盖了一系列领域，客户包括欧洲政府和机构、第三部门组织、学术机构和私营企业。剑桥大学卫生服务研究中心是英国国民保健署（NHS）、英国研究医学理事会（MRC）和剑桥大学的战略合作组织。该中心的整体研究目标是产生科学的证据，预防过早死亡和残疾，促进健康，并提供卫生政策制定的科学证据，是欧洲领先的人口健康科学研究部门之一。

CCHSR 由具有医学、心理学、社会学、统计学、卫生服务研究、公共卫生和公共政策等不同学科背景的二十名研究人员组成。该中心由 Mary Dixon Woods 领导，她同时担任剑桥大学从事卫生服务研究的教授以及兰德欧洲首席经济学家。CCHSR 的目标是通过研究和分析，提供安全有效的护理方式；开发评估护理质量的研究方法；通过卫生服务实证研究影响政策制定。与专业领域如此杰出的智库机构共同建设发展，是兰德公司成长为多专业领域和综合领域世界排名靠前知名智库机构的重要原因和发展战略。

3.2.2 国际食物政策研究所（IFPRI）

国际食物政策研究所在宾夕法尼亚大学智库研究项目组发布的 2016 年全球智库报告中，位居美国地区最强智库排名第四十六位。通过专家咨询得知，其是与中国社会科学院、中国科学院、中国农业科学院、中国农业大学等国内农业科研机构和大学合作交流较多的一家国际知名农业类智库。

3.2.2.1 IFPRI 的创建历程

IFPRI 成立于 1975 年，总部位于美国首都华盛顿，在非洲和南亚设有分部，目前有 600 多名工作人员，在中国、埃塞俄比亚、加纳、印度、意大利、尼日利亚、塞内加尔、乌干达等国家设立了办事处。

3.2.2.2 IFPRI 的功能任务

IFPRI 致力于建设一个没有饥饿和营养不良的世界，其功能任务定位为"提供以研究为基础的政策解决方案，以持续减少贫困、饥饿和营养不良"。IFPRI 目前主要有可持续粮食生产、促进健康食品系统、改善市场和贸易、农业转型、恢复建设和加强机构管理、性别差异研究六个研究领域，研究项目主要涉及营养与生态农业、市场政策等。

3.2.2.3 IFPRI 的核心要素

（1）专家人才

这里的专家人才包括管理者、科学家和辅助人员。截至 2017 年，IFPRI 现任管理者是美籍华人经济学家樊胜根（Shenggen Fan）所长，樊胜根 1962 年出生于中国江苏省，1982 年获南京农业大学农业经济学学士学位，1985 年获南京农业大学农业经济硕士学位，1989 年获美国明尼苏达大学经济学博士学位。2009 年樊胜根博士当选 IFPRI 所长，这是中国学者第一次在国际农业研究磋商组织（CGIAR）下的研究中心担任所长一职。樊胜根与我国农业科研机构联系紧密，同时任职中国农业科学院（CAAS）一级岗位杰出人才、国际农业与农村发展研究中心（ICARD）主任、中国农业科学院农业经济与发展研究所博士生导师，是国际知名的农业经济和公共政策研究领域的专家，研究成果也多次被世界银行、联合国等国际机构及发展中国家政府采用。其与中国农业科学院、南京农业大学等农业科研机构和大学建立的良好合作关系，为中国在国际农业经济领域的研究与发展起到了深远的意义和影响。除了高影响力的管理者外，众多的农业领域专家与管理辅助人员是 IFPRI 最重要的资源投入。

（2）知识产品

IFPRI 产出的知识产品包括食品安全门户、经济模型、数据库、知识库、工具箱、引导和支持粮食政策的最佳实践技术平台等，研究人员的频繁使用证实了这些产品的价值。据统计，IFPRI 2017 年出版物有 170 种（截至 2017 年 6 月），2016 年出版物有 554 种，2015 年出版物有 663 种；累计讨论文件有 1 702 件，工作报告有 657 件，年度报告有 40 件；发行杂志刊物有 28 种（表 3-6），西班牙语出版物有 273 种，法语出版物有 265 种，中文出版物有 35 种；开发信息管理程序 949 次，工作底稿 657 件，政策简报 1 307 篇，等等。

表 3 - 6　IFPRI 主办的部分刊物

智库名称	主办刊物
国际粮食政策研究所	《国际食物政策研究所报告》（*Insights Magazine*）（每年 3 期） 《全球粮食政策报告》（*Global Food Policy Report*） 《全球饥饿指数》（*Global Hunger Index*，GHI）（每年 1 期） 《研究简报》（*Research Brief*）（每年 12 期）

IFPRI 认为，创新严谨的科学研究是政策解决方案研究的基础，高质量的研究结果和知识产品需要传播和分享给那些能够从知识创新中受益的对象人群，对研究成果的宣传同时能够提高 IFPRI 的影响力，吸引到更多的合作伙伴。IFPRI 的宣传对象包括学术研究界、政策和发展利益共同体以及一般公众。

（3）品牌影响力

除了科学研究，IFPRI 还致力于在政坛中获得影响力，通过高水平的科学研究辅助政府机构决策、提高国际知名度，是该机构的重要智库建设特点和经验。例如 2016 年，当气候变化巴黎协定生效时，IFPRI 在联合国第 22 次缔约方会议（COP22）中表现良好。IFPRI 的研究人员将农业的作用传递给了气候变化和粮食不安全问题，并提供了有利于特定地区的气候智能型政策。IFPRI 的所长樊胜根被联合国秘书长潘基文邀请加入其他全球领导人行列，作为加强营养（SUN）运动领导小组的一分子，该组织旨在带头抗击营养不良。IFPRI 在许多其他政策论坛上都有很强的影响力，包括 20 国集团农业部长会议、2016 年微量营养论坛全球会议以及全球农业和营养开放数据的首次峰会。

IFPRI 在所长办公室下设有专门的影响力评价单位，主要从三个方面实施对 IFPRI 战略目标实现情况的评估工作：第一，确定评估标准，主要评估已有的研究成果对国际和国家级层面政策决策制定过程的影响。第二，开发评估方法，注重从研究项目开始到结束的不同阶段，不断开发具有实践指导性、适合研究进行所在不同阶段特征的、更合理的评估方法。第三，发布评估成果，评估过程设立委托外部专家监督机制，内部和外部评审结果在

IFPRI 研究会中对所有员工公示，最终的评估成果以论文、简报、书籍或报告的形式在 IFPRI 官方网站公布。

（4）合作交流网络

机构的运转和项目的实施是一个参与性过程，需要广泛的经验和资金支持，只有加强与合作伙伴的交流沟通，才能确保公共资源的高效整合。IF-PRI 的合作交流的对象包括政府、媒体、学术机构、企业、民间组织、国际机构等。

IFPRI 与中国机构合作交流情况如表 3－7 所示，其合作的官方机构有国务院发展研究中心农村部、农业农村部农村经济研究中心等；研究机构有中国农业科学院农业经济与发展研究院、中国农业科学院农业信息研究所等；大学有中国农业大学经济管理学院、南京农业大学经济管理学院；公益组织有中国国际扶贫中心等。

表 3－7　**IFPRI 与中国机构合作交流情况**

美国农业智库名称	合作机构或交流计划数量	与中国建立合作交流关系的主要机构名录或计划
IFPRI	17	国务院发展研究中心农村部、农业农村部农村经济研究中心、国家发展和改革委员会宏观经济研究院、中国农业科学院农业经济与发展研究院、中国农业科学院农业信息研究所、中国农业大学经济管理学院、贵州大学经济管理学院、中国国际扶贫中心、南京农业大学经济管理学院、中国国家自然科学基金、对外经济贸易大学、浙江大学中国农村发展研究院、四川省社会科学院、云南师范大学经济学院、甘肃农业大学经济管理学院、郑州轻工业学院经济与管理学院

3.2.2.4　IFPRI 的管理方式

IFPRI 遵从企业管理的方法，由最高管理层——理事会选任研究所所长，所长对 IFPRI 的运行全权负责，所长办公室负责协调 IFPRI 的日常业务，为所内各机构、项目、管理活动提供支持。2017 年，该所的具体项目有 2020 展望项目、能力增强项目、2005 协议项目、机构关系项目、伙伴关系和业务发展项目、影响评价课题、全球粮食政策报告、IFPRI 策略（2013—2018）等。所长办公室共有 21 名工作人员。在所长之下，IFPRI 的构成主要有行政管理和学术研究两大部分。行政管理主要由财务和管理部负责，财务和管理部由 4 个部门组成，即财务部、信息技术服务部、旅行部、设施部，分别对资金、网络和后勤服务进行管理。

3.2.2.5 IFPRI 的保障制度

为自身建设发展需要，IFPRI 制定了 2013—2018 年战略实施计划，该计划设立了研究目标和优先事项（六个研究区域和区域优先级），明确 IFPRI 的发展目标和功能定位以及监测和评价标准，具体主要包括建立人才激励和培训机制，建立问责机制，加强合作伙伴关系，建设信息共享平台，完善组织结构合理程度。

在战略实施计划中，IFPRI 认为促进计划实施的关键一是宣传推广、二是合作优化、三是能力增强，其战略发展主线可以提取为：从设立战略目标到实践行动（合作、宣传、能力增强），从实践行动再到实现战略目标。

(1) 成果宣传推广机制

IFPRI 主要从以下四个方面，促进对知识成果的宣传传播：第一，通过数据收集，建立 IFPRI 的开放数据库和出版物知识库，为协作团队的研究人员提供相关的研究工具和技术的培训。第二，促进与不同利益相关者群体的持续对话和交流互动，这种交流包括面对面的和虚拟的研讨会、会议、讲习班，以及地方、地区和国际会议。第三，以各种形式宣传呈现 IFPRI 的研究成果，使其对不同的观众具有可理解性，这些成果宣传和报道形式包括书籍、论文、报告、简报、宣传册、旗舰出版物、杂志、社交媒体和可供公众使用的数据库，并且全部这些材料一般都有印刷版和电子版两种形式。第四，将不同形式的丰富知识成果通过多种宣传渠道传播给不同的群体，吸引相关合作者，并利用已有的知识成果来创造新的知识，宣传渠道包括 IFPRI 的主要网站（www.ifpri.org）和其社区平台（www.ifpri.info）、项目博客、社会和学术网络、媒体活动、播客和视频、电子书店、世界各地的图书馆以及将成果翻译成世界多种语言。

(2) 合作伙伴优化机制

IFPRI 对合作交流对象的选择和发展，具有严格缜密的原则和制度，主要可以归结为五个方面：第一，扩展新的合作伙伴关系，如私营部门、金砖四国、东南亚协会、亚洲国家（东盟）和发展中国家社区。第二，评估合作伙伴状态，包括识别潜在的合作机会，如联合国农业组织和食品领域的其他机构。第三，监督和评估合作伙伴的活动、绩效、成本和收益，以知道合作战略的动态变化。第四，制定合作伙伴关系计划，包括从合作关系建立起，到合作关系带来的影响整个过程中，涉及的关键问题、研究活动、预期结果等。第五，研究合作伙伴关系程度，特别是在食品政策领域，判断相关行为主体以及需要的合作或独立程度。

（3）研究能力培养机制

IFPRI 战略研究领域有七个：第一，通过研究分析农业相关政策、制度、创新和技术，在资源匮乏、生物多样性威胁和气候变化的背景下推进可持续粮食生产；第二，改善穷人的饮食质量和营养，促进农业领域的健康和营养；第三，改善农业市场和贸易；第四，加速从低收入、农村、农业基础的经济向高收入、更城市化和工业服务的经济转型；第五，分析并评估环境、政治、经济等因素对粮食安全和营养恢复的干预措施；第六，分析并提出农业政策，辅助国家和相关部门加强机构治理；第七，致力于对男女性别差异的研究，引导农业经济向可持续性和包容性发展。其中男女性别差异研究为跨学科领域研究。

IFPRI 协同合作战略伙伴，以确定如何使用目前研究成果为导向，在国际农业研究磋商组织（CGIAR）中成立了能力增强专门组织部门，并对该部门进行有效的优先级设置、组织、监测和评估。现任能力增强部门负责人为 Suresh Babu 博士，Babu 毕业于美国爱荷华州立大学，拥有经济学博士学位，现同时兼任中国贺知章大学中国农村发展中心和南非夸祖鲁纳塔尔大学名誉教授。

为提高研究和创新能力，IFPRI 一方面加强国家粮食安全优劣势分析等数据库和研究工具的开发建设；另一方面加强机制体制的创新，包括需求评估、战略发展规划、政策宣传推广、加强监测和评估、组织机构改革等。另外，IFPRI 还通过建立合作关系，建立以需求为驱动的政策分析模式；通过承担联合研究项目、指导学生和监督毕业论文、组织有针对性的短期课程等，增强自身和合作对象的政策分析和倡导能力。

（4）资金使用监督机制

IFPRI 的主要资金来源是社会各界捐款，IFPRI 设有国际农业研究磋商组织（CGIAR）基金，社会捐款通过 CGIAR 基金可以选择不同的研究领域对 IFPRI 进行捐款。为施行保障资金合理使用的监管制度，CGIAR 基金不由 IFPRI 管理，而是由世界银行作为受托人代为管理，在获得资金资助之前，IFPRI 的各项目组需要详细列出预期研究成就，并提供可行性分析报告，在项目管理监督和资金使用监督下，IFPRI 得以确保资助资金的合理使用与高质量的研究成果紧密地匹配在一起。2016 年对 IFPRI 实施资助的主要机构有：国际水稻研究所、国际自然保护联盟、国际农业发展基金、美国康奈尔大学、美国天主教救济服务中心、美国比尔和梅琳达盖茨基金会、美国杜克大学、英国经济政策研究中心、德国国际合作协会有限公司、比利时佛兰德政府、澳大利亚国立大学、中国农业政策研究中心、印度财务管理与研究所、非洲发展银行、肯尼亚非洲农业技术基金会等。

IFPRI 每年都统计并对外公布其资金收入和支出情况，其 2016 年财政收入为 118.7 万美元，支出为 70.8 万美元；2015 年财政收入为 66.5 万美元，支出为 54.2 万美元。在其支出报表中含有例如国际农业研究磋商组织年度合作费用、常规行政部门管理费用等各项不同活动占用支出金额明细情况。

3.2.3 查塔姆社（Chatham House）

英国查塔姆社（Chatham House）是目前英国规模最大、欧洲地区最著名的智库，其在宾夕法尼亚大学智库研究项目组发布的 2016 年全球智库报告中，位居世界最强智库排名第二名，欧洲地区智库排名第一名。

3.2.3.1 Chatham House 的创建历程

查塔姆社的前身是英国国防事务研究所。国防事务所成立于 1920 年，当时英国刚刚经历第一次世界大战，认为对国际问题进行研究非常有必要。1921 年，英国国防事务研究所被划分为两部分，其中一个为皇家国际事务研究所，即查塔姆学会。1926 年，英国查塔姆学会获得皇家特许证，办公地点设于曾经居住过三位英国前首相的查塔姆大厦。

3.2.3.2 Chatham House 的功能任务

查塔姆社在《皇家宪章》（Royal Charter）的指导和要求下，设定了建社的宗旨和目标。查塔姆社的使命是帮助建立一个可持续的安全、繁荣和公正的世界。其功能有：参与政府、私营部门、公民社会在公开辩论和机密文件中关于重大决策进展的讨论；对全球、区域和国家的挑战与机会进行独立和严格的分析；为决策者和意见制定者提供解决问题的对策办法。

3.2.3.3　Chatham House 的核心要素

（1）人才

同美国兰德公司一样，查塔姆社的研究人员的学术背景比较多元化。查塔姆社按照研究领域不同进行人才配备，近年来，随着亚太等地区的新兴国家崛起迅速、全球国际安全形势呈现出频繁的波动，查塔姆社对于中国研究领域和国际安全研究领域的人员配备明显有所增长。

（2）知识成果

目前查塔姆社主要有四个研究领域，包括：区域研究和国际法律，世界经济，能量、环境和资源，国际安全。查塔姆社的研究出版物主要有两种：《今日世界》和《国际事务》。《今日世界》为双月刊，侧重于当前的国际问题，在国际上影响较大，已成为国际关系领域的顶尖杂志；《国际事务》则侧重于国际问题的回顾和综合。同时，查塔姆社每年出版 60 多份研究报告、论文和书籍，主要包括：研究报告，主要内容为专家的深度研究和政策建议；专家撰写的简评；会议纪要和报告；研讨会论文、概要、手稿及其他相关资料。

（3）品牌影响力

查塔姆社是英国最大的国际问题研究机构，对英国政府、媒体、学术界、公众社会等具备很大影响力，该社官方网站 2015 年的访问量达到了 230 万人次，媒体 2015—2016 年间对查塔姆社的报道位居世界知名智库前五名，同时学术界对该机构观点的引用达到了 3 590 多次。在 2007—2016 年全球智库报告排行榜中，查塔姆社更是位列美国之外的十大智库之首，仅在 2012 年被布鲁盖尔（BRUEGEL）超过，排名第二。同时，在相关专题领域的智库排行中，它也有上佳表现。可以说，查塔姆社（Chatham House），不仅从历史还是实力来说，都是欧洲地区最顶尖的智库，同时也是在全球都具有极高知名度的国际型智库。

（4）合作交流网络

查塔姆社与政府、企业、媒体和学术界均保持着广泛联系，并在工作上接受英国外交部的指导，对英国外交政策具备很大影响力。查塔姆社主席

Stuart Popham QC 认为，查塔姆社的研究在某种程度上是由其良好的全球合作关系网络所决定的。2015 年查塔姆社在安曼、北京、柏林、布鲁塞尔、坎昆、伊斯坦布尔、拉各斯、新德里、首尔、上海、华盛顿等众多地区建立了新的合作伙伴关系，扩大了其合作交流网络和研究关注热点。

3.2.3.4　Chatham House 的管理方式

查塔姆社像多数欧美智库一样，实行理事会管理制度。查塔姆社的组织结构主要包括四部分：主席、理事会、委员会、会员。为保证研究结果的客观性和公正性，查塔姆社的主席设有三个席位，人选分别来自英国议会的保守党、工党和自由民主党三大党派。理事会成员从会员中择优选出，任期为三年，且可连任一届。理事会下设有执行委员会、财政委员会和投资委员会。此外还另设有自身咨询委员会，自身咨询委员会是查塔姆社从建设发展到科学研究的智力支持机构和渠道部门。

3.2.3.5　Chatham House 的保障制度

（1）言论自由保密制度

说到查塔姆社，不得不提的便是世界著名的查塔姆准则。查塔姆学会1927 年提出了一项关于自由演讲和保密会议的准则：如果一个会议，或会议的一部分，是按照查塔姆社规则进行的，则与会者可自由使用在会议中获得的信息，但不得透露演讲者及其他与会者的身份与所属机构。这条规则让人们在会议上自由地发表自己的观点而不是所属机构的观点。如果不被公开姓名，他们就不必担心自己的言论会影响到声誉，以此促进讨论的自由（王辉耀，2017）。

（2）政治讨论交流制度

查塔姆社为世界领导人、决策者提供在公正环境中倾听和讨论的论坛。查塔姆的活动主要包括：重要人物演讲会——邀请来英国访问的外国总理、部长等演讲；专题讲座——邀请外部重要人物进行演讲和交流，每年举办次数多于 10 次；其他形式的活动还有秘密讨论会（召集成员讨论，为政府提供看法或发表文章做准备）、小组会议、年会等。查塔姆社的国际活动是其保持研究生命力的保证，它每年举行 100 多场国际会议，中国外交部部长杨洁篪，前外交部部长钱其琛曾分别于 1995 年和 2007 年在该所发表演说（王辉耀，2017）。

查塔姆社对早期的网站和数据资源进行了功能优化，使其可以更高效地接触到新的在线观众。据统计，2015查塔姆社在官方网站上举办了230万个在线会议，比2014年增长了40％。网站上也新增了查塔姆社与访客之间的互动内容，包括与访客讨论在叙利亚及其邻国的移动能源倡议、支持世界各地的难民的能源需求等。查塔姆社正在为科研人员开发新的工作空间，包括：能够从查塔姆大厦邻近的艾姆斯楼底层直通查塔姆大厦工程；为提高研究所的交流能力，而进行的会议设施改进工程；鼓励跨领域合作的空间整修工程等。

（3）资金捐赠制度

查塔姆社在美国国税局注册为慈善机构和非营利组织，在美国501（c）（3）的税法保护下，享受捐赠免税收待遇。查塔姆社的资金来源主要有政府支持、会员费、慈善捐款、基金会收入，查塔姆社通过出版物也能得到一部分收入，它不接受政府拨款，但接受政府对具体研究项目的经费资助。2016年查塔姆社的资金总额为12 944 000英镑，2015年为11 340 000英镑，净资产总额增加了14％，会员收入增加了6％（其中个人会员收入增加了16％）。查塔姆社的主要捐款机构主要有：欧洲宇航防务集团（EADS UK Ltd）、英国石油公司（BP plc）、英国电信集团（BT Group plc）、沙特阿拉伯王国驻英国使馆（Embassy of the Royal Kingdom of Saudi Arabia）、阿尔及利亚驻英国使馆（Embassy of Algeria）、中国台湾驻英国代理办事处（Taipei Representative Office）（王辉耀，2017）。

据查塔姆社统计，其2016年每一项资金投资与上一年相比，都有增长，特别随着个人会员的增加，查塔姆社的个人会员的收入增长更为明显，其资金来源呈现了多元化增长。同时，随着包括英国退出欧盟的影响、驱动力——精英欧洲分裂、全球经济增长中的性别平衡、建立西非疾病监控网络、海湾地区未来政治动态等新项目的启动，查塔姆社增加了对研究项目的资助力度，2016年研究资助申请的成功率上升到70％，比前一年有大幅提升。

3.2.4 食品、农业和自然资源政策分析网络（FANRPAN）

食品、农业和自然资源政策分析网络（FANRPAN）是美国以外世界排名第一的农业类智库（麦甘，2017）。与兰德公司等老牌智库相比，它是一个相对年轻且成长速度迅速的农业类智库，其在宾夕法尼亚大学智库研究项目组发布的 2016 年全球智库报告中，位居世界最强智库排名第五十名。

3.2.4.1 FANRPAN 的创建历程

FANRPAN 的创建源于 1994 年非洲东部和南部国家农业部长发现的解决长期粮食不安全和管理自然资源的挑战，因此 1997 年，来自非洲南部八个不同国家的农业学院院长协商一致，决定建立 FANRPAN。在美国国际开发署的资助下，FANRPAN 起草宪法，并于 2003 年在津巴布韦正式注册为民间志愿组织（PVO），随后办事处移到比勒陀利亚。它是一个由非洲南部多个农业研究组织共同组成的民间合作联盟，发展至 2017 年已有 12 个不同国家组织的联盟成员。FANRPAN 是世界范围内第一个全面研究艾滋病毒和艾滋病对家庭农业生产力影响的组织机构，它发明构建了家庭发展脆弱性指数，提出了以代金券制度促进化肥和种子市场的方法技术，目前在欧盟资助下致力于非洲生物燃料生产政策项目的研究。

3.2.4.2 FANRPAN 的功能任务

FANRPAN 的目标定位是：保障食品安全，消除非洲饥饿和贫穷。其功能作用：一是搭建政府与公众社会之间的沟通桥梁；二是提高非洲的政治分析和政策对话能力；三是支撑以需求为导向的政策研究和分析。

3.2.4.3 FANRPAN 的核心要素

（1）专家人才

FANRPAN 是一个由非洲南部多个农业研究组织共同组成的民间合作联盟，发展至 2017 年已有 12 个不同国家组织的联盟成员，其专家主要来源于联盟成员国家的农业领域专家。因为其特点是一个联盟网络，负责联盟成员之间协调的秘书处位于津巴布韦，因此下面对秘书处的人员构成进行分析，以探 FANRPAN 的管理方式。

秘书处的管理人员主要包括 5 部分：执行总裁 CEO，对秘书处行政事务总体负责；宣传与通信总管，负责联盟成员之间的协调和沟通；政策转化主管，负责协调政府等相关利益者，促使将科研成果转化为政策；财政主管，负责项目资金的管理和资金支持者的争取、协调；执行总裁 CEO 秘书，包括秘书处为执行总裁 CEO 专门配备的项目秘书、财政秘书和私人助理。

（2）知识产品

目前 FANRPAN 重点研究领域主要有四个：食物系统，农业生产力，国家资源和环境，艾滋病病毒和艾滋病对农业与食物安全的影响。围绕四个重点的研究领域，FANRPAN 的联盟专家们承担了不同项目，为使项目进展顺利，FANRPAN 在秘书处设置了针对不同项目的协调员，项目协调员负责项目进行过程中计划的实施、合作者的协调沟通、资金的预算保障等。

从对 FANRPAN 的项目选题分析可知，农业智库的项目在涉及农业领域的同时，很多都是倾向于研究成果能够辅助国家层面政策制定或战略指导的，FANRPAN 也将研究成果是否能够被政府采纳、最终使研究成果转化为政策的程度作为评价自身智库工作的重要衡量，而这就是智库与注重科研创新的常规研究机构本质上的差别。

（3）合作交流网络

表 3-8 显示了 2017 年 FANRPAN 在十二个联盟国家的合作机构类型和数量。

表 3-8　FANRPAN 2017 年的合作机构

国家	政府机构	农民组织	研究机构	民间组织	捐赠机构	营利机构	总计
安哥拉	5	—	6	9	3	—	23
博茨瓦纳	21	—	16	15	4	4	60
莱索托	13	1	21	7	2	2	46
马拉维	3	6	5	60	8	12	94
毛里求斯	51	7	7	1	—	—	66
莫桑比克	22	—	12	2	12	3	53
纳米比亚	3	1	—	1	—	1	7
南非	19	4	18	21	13	23	98
斯威士兰	7	—	5	—	—	—	12
坦桑尼亚	13	4	10	5	1	2	35
赞比亚	12	4	1	7	6	16	46
津巴布韦	30	3	25	20	4	50	132
总计	199	32	127	148	53	113	672

FANRPAN 的合作对象包括：东南非共同市场（COMESA）、南部非洲发展共同体（SADC）等区域经济共同体；津巴布韦人民政府、南非政府等国家政府及其机构；国际水资源管理研究所，国际粮食政策研究所等国际组织；南非农业同盟联合会等农民组织；蒙德拉内大学农业经济学系、密歇根州立大学农业经济系等涉农类大学；赞比亚农业咨询论坛、坦桑尼亚经济社会研究基金会等民间组织；南部非洲政策和经济系列信托等私人机构。

从合作机构的数量比例上来看，FANRPAN 的合作对象中政府机构最多，可见其对科研成果转化为政策的战略定位，以及与政府合作的重视程度。反观我国国内现有智库机构，大多合作交流单位是同级别的科研机构和大学，而政府机构欠缺；同捐赠机构和民间组织等的联系与国际上知名的成熟农业智库相比，也存在差距，关于合作交流网络及其构成的资源投入，这都应该是我国国家级农业智库建设中的未来战略走向和投资方向。

（4）品牌影响力

在 2017 全球智库排名中，FANRPAN 是美国以外，世界排名第一的农业类智库，其影响力已经超出了非洲南部范围。从上文对 FANRPAN 的成果产出的分析中可以看出，FANRPAN 特别注重成果对政府决策人员的影响，致力于将研究成果转化为切实的政策，其成果被安哥拉、博茨瓦纳、马拉维、莱索托、马达加斯加、赞比亚、津巴布韦等多国政府应用，真正转化为了政策，切实起到了智库影响政府决策的本质和作用。而且在对自身发展的评估中，FANRPAN 也以知识转化为政策的程度作为评估衡量自己工作效果的标准，与惯常的科研机构以科研成果的产出作为考评不同，这也为我国国家级农业智库评估工作起到了很好的启示作用。

3.2.4.4　FANRPAN 的管理方式

FANRPAN 是一个由多方利益相关者、多方国家机构组成的政策分析网络，它是一个由非洲南部多个农业研究组织共同组成的民间合作联盟，成员包括大学、研究机构、商业部门、农民团体和其他相关的民间社会组织。FANRPAN 有来自多个不同国家的组织成员，其负责不同国家之间联系的秘书处设在 2003 年成立的地点津巴布韦，该秘书处由 FANRPAN 联盟单位授权负责农业政策研究和宣传。该合作联盟还与包括 SADC、COMESA 在内的 20 多个区域组织达成了合作协议。

3.2.4.5　FANRPAN 的保障制度

FANRPAN 制定了 2008—2015 年战略实施计划，计划目标是使 FANRPAN 从受人尊敬的政策分析提供者（a respected policy analysis provider）转型为强大的政策变迁机构（a powerful agent of policy change）。除了产出高质量的政策建议，FANRPAN 目前正致力于研究其政策建议的实施情况和政策实施后为当地带来的影响，以此来评估 FANRPAN 的工作效果。

计划实施以来，FANRPAN 一方面通过加大对联盟成员单位政策研究的资金支持力度，进一步拓展合作交流网络；另一方面通过激励全国范围的政策优先权讨论、授权广泛的利益相关者（特别是不同的利益集团）参与对话的方式，加强研究成果与利益相关者观点之间的联系，全面提升其成员对政策的影响能力。

从 FANRPAN 的政策分析工作流程来讲，各环节中核心问题的解决是战略实施计划完成、促进自身建设发展的关键。FANRPAN 的政策分析流程主要包括政策研究、政策倡议选择和正常倡议宣传，在这三个过程中，都需要与一个广泛的利益相关者群体进行有效的沟通协商，这构成了 FANRPAN 建设的核心。

（1）合作交流机制

FANRPAN 希望通过政策研究需求、相关研究成果、研究结果使用的增加，促进机构的发展，因此 FANRPAN 将政策研究与国家发展战略需要结合起来，作为其建设发展规划的重要组成部分。FANRPAN 致力于辅助确定国家层面的研究重点，并与国际机构、国家政府和民间社会组织合作共同设计研究项目。同时，机构加强了秘书处确定研究计划、选择适合的分析者和合作者的能力。最后，FANRPAN 通过短期培训课程来传播特定的领域研究方法技术，促进联盟成员研究机构之间的伙伴关系建立并进行学习指导，提高政策研究的质量。

与利益相关者进行广泛深入的对话，可以获得政策制定者的认同，以便将研究数据转换为可行的政策。FANRPAN 利用举办论坛等方式，召集政府领导人、研究人员、民间社会组织、媒体和其他利益相关对象进行有效的和有影响力的磋商。与此同时，FANRPAN 还与政策制定者进行合作，通过对他们进行短期的培训等方式，增加他们对研究数据的访问和使用能力，并提高他们参与政策辩论的能力。

（2）宣传推广机制

FANRPAN 认识到，即使是最高质量的智库机构提出的政策建议，也需要国家政府部门采纳和实施，然后才能作为实践指导应用于非洲南部。因此，FANRPAN 衡量自身工作效果的最重要的标准是国家政府采用和实施该机构推荐政策的程度。为将智库机构的政策研究成果传递到政府机构、促进政府机构对智库机构研究成果的采纳，在成果产出后的宣传环节，FANRPAN 建立了媒体数据库，主动与多方媒体联系进行自身成果的宣传，并且安排各种会议对成果进行展览，增加 FANRPAN 联盟成员在各种场合的发声，提高其社会影响力，通过多种渠道来传播自身的研究成果。同时，FANRPAN 的秘书处也在寻求在国际层面和高级政策圈的合作机会，以提高组织的知名度，并将这些政府机构定位为 FANRPAN 政策研究的首选提供者。为此，FANRPAN 已经在寻求与 SADC 和 COMESA 达成优先合作协议的机会，这两个组织都已经被 FANRPAN 设为了其董事会成员。

（3）资金管理机制

总的来说，经过预算，FANRPAN 需要在五年内投资约 1 300 万美元，才能建立一个强大的、可行的、有效的智库组织，实现良好的政策分析、网络扩展、能力提升和宣传效果，能够真正促进和领导非洲南部的政策变化（表 3 - 9）。

表 3 - 9　FANRPAN 的资金投入构成

投入领域	预算金额（五年）
地区秘书处预算	$ 3 750 000
员工费用	$ 2 750 000
咨询费用	$ 130 000
研究项目费用（会议、差旅、评估等）	$ 180 070
其他额外费用	$ 684 930
国家秘书处预算	$ 9 400 000
员工费用	

（续）

投入领域	预算金额（五年）
咨询费用	
研究项目费用（会议、差旅、评估等）	
办公服务和设备费用	
五年投资总预算	$13 150 000

FANRPAN 的资金投入主要由几部分构成：

一是研究和政策分析项目的管理投入。FANRPAN 的研究和分析项目由联盟成员进行，由区域秘书处管理，FANRPAN 希望通过研究项目的获取收益来支持更大的研究项目，以便更好地恢复管理成本。

二是特定培训项目或其他服务的投入。当 FANRPAN 在合作交流网络中对联盟单位进行专业知识的培训时，需要投入培训费用和相关的管理服务费用。

三是奖励会员资金贡献的投入。目前 FANRPAN 有 671 个会员，所有这些会员每年贡献 500 美元入会费来加入这个网络。FANRPAN 为了发展相关服务，为会员提供了更大的入会价值，对会员共享的入会费用的使用进行结构优化，建立会员资金共享的奖励制度。

3.2.5　日本国际问题研究所（JIIA）

日本国际问题研究所（Japan Institute of International Affairs，JIIA）是日本国内以辅助日本政府出台外交政策为主的智库机构，其 2016 年在全球最强智库排名中位居全球第 15 位，首次超过了 2014 年和 2015 年位居亚洲地区排名第一位的中国社会科学院，跃居亚洲地区第一智库。

3.2.5.1　JIIA 的创建历程

JIIA 成立于 1959 年，1963 年被日本批准为特定公共利益促进公司，1981 年 JIIA 成立太平洋经济合作理事会（PECC）秘书处，1994 年 JIIA 成立亚太安全合作理事会（CSCAP）秘书处，1996 年 JIIA 成立促进裁军和防扩散中心（CPDNP）。2012 年，经日本首相批准，JIIA 被赋予公益财团法人资格，自此 JIIA 取得了团体自治和税收优待的权利和地位，由政府对其的事先限制转为政府对其的事后监管。2014 年 JIIA 与世界经济研究所合并。

3.2.5.2 JIIA 的功能任务

JIIA 的公司章程规定了该研究所的目标和任务，JIIA 的目标是通过分析国际事务形势和科学研究，为日本的外交政策提供一个建设性的框架。JIIA 的功能任务有：辅助制定日本外交政策；传播国际事务知识和信息；鼓励日本的国际事务研究；助力日本政府良好外交的舆论引导，促进世界和平与繁荣。

3.2.5.3 JIIA 的核心要素

（1）专家人才

JIIA 的研究人员由本所的专职研究员和所外的兼职客座研究员组成，目前 JIIA 有专职研究员 8 名、客座研究员 21 名，其中包括 2016 年度新聘用的客座研究员 6 名。JIIA 兼职的客座研究员数量超出了专职研究员的数量，这些研究人员的专业领域主要是国际政治学和国际经济学。

（2）知识产品

日本国际问题研究所的主要研究方向是国际安全保障问题和地区问题研究，且特别重视国际问题资料的搜集和整理，曾编写了《中国共产党党史资料集》《战后朝鲜问题资料》等。其发行刊物有《国际问题》等，具体如表 3-10。

表 3-10　JIIA 主办刊物

智库名称	主办刊物
日本国际问题研究所	《国际问题》（国際問題）（月刊） 《俄罗斯研究》（ロシア研究）（半年刊） 《JIIA 新闻通讯》（JIIA Newsletter）

JIIA 主办的刊物《国际问题》只在日本国内发行，且采取 JIIA 会员有偿入会制度，仅对其入会会员进行一定权限的刊物提供服务。其中在 2017 年 5 月刊发的《国际问题》上，JIIA 还专门以"中国外交政策的最新发展"为名，对中国的外交政策做了详细解析。《俄罗斯研究》则对日本国内外发行。

（3）合作交流网络

JIIA 十分重视对外交流，它始终保持与国内外相关研究机构的合作关系。例如，JIIA 与英国的伦敦国际战略研究所、美国布鲁金斯学会、印度尼西亚战略国际问题研究所等国际知名智库都有合作关系，通过经常举办国际会议、讲演会、座谈会等形式，促进国内外合作机构的交流。

（4）品牌影响力

随着 JIIA 高质量的知识产出，其世界影响力不断提升。2008 年，在美国宾夕法尼亚大学宣布的全球战略智库排名中，JIIA 位居亚洲地区排名第二；2014 年，JIIA 跃居亚洲地区排名第一，全球排名第十三；2015 年，JIIA 位居亚洲排名第一，全球排名第十五；2016 年，JIIA 在全球智库报告中，仍然位居亚洲排名第一，全球排名第十五，美国以外，世界排名第十。

3.2.5.4　JIIA 的管理方式

JIIA 是独立于政府存在的公益财团法人机构，其管理同美国兰德公司等社会智库一样，实行评议委员会指导下的理事会管理制度，理事会下设代表理事会会长、代表理事会副会长、代表理事会理事长、研究所所长、研究所副所长等各级别行政管理职务。截至 2017 年，JIIA 代理理事长兼所长是 1942 年出生的野上义二，野上义二曾在日本政府历任外务省事务次官、内阁官房参与等众多要职，具有深厚的政治背景。

3.2.5.5　JIIA 的保障制度

JIIA 的保障机制主要包括三个方面：合作交流机制，即与日本国内外的大学、研究机构、其他研究团体等进行国际事务的对话与交流。宣传推广机制，即通过电子媒体、杂志、书籍和其他出版物以及研讨会、讲座、讨论会议等形式，在日本内外传播知识和传播信息。资金捐赠机制，JIIA 的资金来源主要有：同政府及其他机构建立的委托调查合同收入、JIIA 会员的会费收入、JIIA 的出版物收入，以及日本国际交流基金、亚细亚财团等社会团体等对 JIIA 的捐款等，且由于 JIIA 为日本公益财团法人机构，所以享受日本国内的捐款税收优待政策。

3.2.6　韩国发展研究院（KDI）

韩国发展研究院（Korea Development Institute，KDI）是韩国政府设立的以研究宏观经济政策为主的智库机构。在 2014 年由美国宾夕法尼亚大学进行的关于智库排名的研究项目中，韩国开发研究院 KDI 位列亚洲地区第一；在 2016 年的世界排名中，为美国以外世界第六。

3.2.6.1　KDI 的创建历程

KDI 成立于 1971 年，致力于为韩国政府提供宏观经济政策分析和建议。1995 年，KDI 成立下属机构公共政策与管理学院，承担着为未来政府和企业领导者提供世界一流的专业教育的任务。

3.2.6.2　KDI 的功能任务

KDI 对自己的定位是为国家议程提供远见卓识。在了解其作为主要经济智库的角色和责任后，KDI 努力为韩国设定新的目标，以实现更大的繁荣。凭借对经济前景的关注，KDI 专注于研究活动，破解需要适应的不断变化的国内和国际环境的增长模式难题，为更大的繁荣提供愿景和方向。

KDI 的任务是：坚持其使命，为政府和社会以及公共和私营部门作出实质性贡献，提供及时有效的政策替代方案；通过持续执行任务，KDI 将提出政策建议，成为国家经济增长的核心基础，成为经济政策制定者的指南针。

3.2.6.3　KDI 的核心要素

（1）专家人才

KDI 通过引进拥有名牌大学博士学位的年轻领域专家，引进在世界上最好的机构和学术团体中工作杰出的有经验的领域专家，作为优秀人力资源投入，同时启动专家交流项目，激励学者们之间的交流学习。

（2）合作交流网络

一方面，KDI 通过与国际组织和研究机构合作，与世界领先的知识保持同步，确保研究的先进性，利用与国际组织的联合研究和合作，吸取经验和资源，来处理韩国的关键政策问题。另一方面，KDI 通过建立和运营各部委、学者、工业界和研究机构的政策研究网络，与各部委、学术界、产业界和研究机构的专家进行合作，保证研究的可行性，提高研究成果的实用性。

（3）知识产品

KDI 的研究领域主要有两个：一是宏观经济政策研究，包括宏观经济政策问题的计量经济学模型和分析、宏观经济趋势和周期、宏观经济建模和预测、中长期经济发展政策建议。二是金融政策研究，包括推动改善韩国金融体系的政策和制度、分析金融市场趋势走向、奠定金融系统的法律和监管研究基础。KDI 的主办刊物情况如表 3 - 11 所示。

表 3 - 11　KDI 主办刊物

智库名称	主办刊物
韩国发展研究院	《KDI 经济政策杂志》(*KDI Journal of Economic Policy*)(月刊) 《月度经济趋势》(*Monthly Economic Trends*)(月刊) 《经济展望》(*Economic Outlook*)(半年刊) 《经济公报》(*Economic Bulletin*)

3.2.6.4　KDI 的管理方式

KDI 实行主席领导下的总裁负责制,其组织结构主要由首席经济学家组成,按照不同的学科分为宏观经济研究部门、金融经济研究部、竞争政策研究部等,此外还设有独立的行政协调办公室、中央图书馆等。

3.2.6.5　KDI 的保障制度

(1)项目质量管理机制

为了提高工作效率,KDI 在研究部门和秘书处之间进行了清晰的分工,提高创新管理和民主管理。另外,KDI 实施对科研项目的监督管理,在项目进行过程中,充分征询外部专家意见,并结合内部专家和外部专家反馈的评论意见,积极调整项目在研究中存在的问题,以此提高研究的质量。

(2)人才培训机制

KDI 为员工提供配备了优质的研究基础设施和福利待遇,以及优化良好的研究环境。为提高研究人员的学习能力和工作表现,KDI 开展了各种系统的培训,特别是对资深专家人才进行有针对性培训,以提高他们的研究能力。机构能准确地对员工的工作和对 KDI 的贡献做出客观公正的评价,对于那些工作表现最好的员工,KDI 施行相应的奖励制度以保证员工能够得到回报,以激励其研究的积极性。KDI 在对自身员工进行培训的同时,也采取各种措施,对政府官员和公众进行培训,以提高政府和民主对经济的认识。

3.3　国内外典型智库建设的比较分析

通过对中外典型智库建设情况的剖析,可得到国内外智库建设情况的对比总结表 3 - 12。

表 3 – 12 国内外智库建设情况的对比总结

建设情况	分类	智库机构
目标定位	解决全球性问题	RAND、IFPRI、Chatham House
	服务国家需求	FANRPAN、JIIA、KDI、中国社会科学院农村发展研究所、国务院发展研究中心农村经济研究室、中国科学院科技战略咨询研究院、中国农业发展战略研究院
功能任务	决策咨询	RAND、IFPRI、Chatham House、FANRPAN、JIIA、KDI、中国社会科学院农村发展研究所、国务院发展研究中心农村经济研究室、中国科学院科技战略咨询研究院、中国农业发展战略研究院
	科学研究	RAND、IFPRI、Chatham House、FANRPAN、KDI、中国社会科学院农村发展研究所、国务院发展研究中心农村经济研究室、中国科学院科技战略咨询研究院、中国农业发展战略研究院
	舆论引导	RAND、FANRPAN、JIIA
	人才培养	RAND、中国社会科学院农村发展研究所、中国农业发展战略研究院
	知识传播	RAND、JIIA
核心资源要素	专家人才	RAND、IFPRI、Chatham House、FANRPAN、JIIA、KDI、中国社会科学院农村发展研究所、国务院发展研究中心农村经济研究室、中国科学院科技战略咨询研究院
	知识成果	RAND、IFPRI、Chatham House、FANRPAN、JIIA、KDI、中国社会科学院农村发展研究所、国务院发展研究中心农村经济研究室、中国科学院科技战略咨询研究院
	技术	RAND、IFPRI
	品牌影响力	RAND、IFPRI、Chatham House、FANRPAN、JIIA
	合作交流网络	IFPRI、Chatham House、FANRPAN、JIIA、KDI
管理方式	理事会管理制度	RAND、IFPRI、Chatham House、JIIA、KDI、中国社会科学院农村发展研究所、中国科学院科技战略咨询研究院
	国家部委直接领导	国务院发展研究中心农村经济研究室、中国农业发展战略研究院
	民间合作联盟	FANRPAN
保障机制	成果质量审查机制	RAND、IFPRI、KDI

（续）

建设情况	分类	智库机构
保障机制	宣传推广机制	RAND、IFPRI、FANRPAN、JIIA
	资金捐款机制	RAND、IFPRI、Chatham House、FANRPAN、JIIA
	合作交流机制	RAND、IFPRI、Chatham House、FANRPAN、JIIA
	能力培养机制	IFPRI、KDI
	言论保密制度	Chatham House

经过案例分析，总结成功经验后，可以发现国外农业智库与非农业智库之间的主要区别为：其各自的功能定位、成果选题、专家构成都不尽相同，农业类智库的选题、成果等都是突出农业特色、偏向农业领域的，其专家构成也多为农业领域高端专家人才，功能定位也是解决全球的重要农业问题。而在世界范围内，非农业类智库的资源等投入更加多元化，选题多面向世界科技前沿。

国内典型智库与国外典型智库的区别为，我国政府大力支持高端智库建设，但现在高端智库建设仍处于发展改革阶段，其学科专业背景、资金来源、选题方向等都存在单一化特点，管理机制不够灵活，缺少相关制度保障，质量水平与国际一流智库相比还存在着差距。

3.3.1　功能定位的比较分析

在对国外农业智库的功能定位进行对比分析可以发现，欧美大多知名智库都将目标定位为解决全球性的问题，虽然各智库机构由于其自身研究领域不同，定位各有不同，但都目标明确。农业类智库中，FANRPAN 的目标定位是：保障食品安全，消除非洲饥饿和贫穷。其功能作用一是搭建政府与公众社会之间的沟通桥梁；二是提高非洲的政治分析和政策对话能力；三是支撑以需求为导向的政策研究和分析。非农业智库中，兰德公司的使命在于推进全球社区的安全、卫生与繁荣事业，其功能是发现和扩展新知识，并将研究成果广泛传播到科学界和人类全社会，为全世界各地客户提供研究服务、系统分析和创新思想，完成项目研究，达到学术目标，扩大知识面，解决科研问题，开发新的想法。可见，欧美知名智库在功能定位方面，都以自身特点明确发展目标，且具有全球视野。

　　我国方面，包括中国社会科学院农村发展研究所、国务院发展研究中心农村经济研究部、中国科学院科技战略咨询研究院、中国农业发展战略研究院在内，所选择的国内案例，同日本、韩国一样，都将自身定位于为国家决策需求服务。在对现阶段中国国家级农业智库建设进程中存在的问题进行分析后，可得知目前我国国家级农业智库建设存在缺乏战略设计和宏观规划。并且《意见》指出，必须从党和国家事业发展全局的战略高度，加强顶层设计，把中国特色新型智库建设作为一项重大而紧迫的任务，统筹协调和分类指导，促进各类智库有序发展。同时，实施创新驱动发展战略，不能"脚踩西瓜皮，滑到哪儿算哪儿"，要抓好顶层设计和任务落实，把发展需要和现实能力、长远目标和近期工作统筹起来考虑，提出切合实际的发展方向、目标、工作重点。如果中国国家级农业智库自身的功能定位、发展目标、发展内容没有正确的方案框架所遵循，将难以突破智库建设泛化的困局。

　　根据表 3-13、表 3-14，对国内外典型智库的功能定位对比后可以发现，中国国家级农业智库应该在保障服务国家农业发展战略的基础上，将战略定位提高到具有全球性眼光和视野，保障我国国家农业安全，促进我国在世界范围内农业产业竞争地位，为解决世界农业问题、推动全球农业事业发展贡献我国力量的高度。只有把眼光放到全球视野，才能弥合我国农业智库与国际一流智库之间的差距，真正建成具有国际高影响力的农业智库。

表 3-13　典型智库的目标定位对比

智库机构	目标定位
IFPRI	建设一个没有饥饿和营养不良的世界
FANRPAN	保障食品安全，消除非洲饥饿和贫穷
RAND Corporation	使命在于推进全球社区的安全、卫生与繁荣事业
Chatham House	帮助建立一个可持续的安全、繁荣和公正的世界
JIIA	为日本的外交政策提供建设性的框架方案
KDI	为国家政策议程提供远见卓识
中国社会科学院农村发展研究所	专门从事中国农村问题研究
国务院发展研究中心农村经济研究室	为中国经济社会的历史性发展做出贡献
中国科学院战略研究中心	为党中央、国务院提供咨询建议
农业战略研究院	服务"三农"问题为宗旨

表 3 - 14　典型智库的目标定位情况

功能目标	分类	智库机构
目标定位	解决全球性问题	RAND、IFPRI、Chatham House
	服务国家需求	FANRPAN、JIIA、KDI、中国社会科学院农村发展研究所、国务院发展研究中心农村经济研究室、中国科学院科技战略咨询研究院、中国农业发展战略研究院
功能任务	决策咨询	RAND、IFPRI、Chatham House、FANRPAN、JIIA、KDI、中国社会科学院农村发展研究所、国务院发展研究中心农村经济研究室、中国科学院科技战略咨询研究院、中国农业发展战略研究院
	科学研究	RAND、IFPRI、Chatham House、FANRPAN、KDI、中国社会科学院农村发展研究所、国务院发展研究中心农村经济研究室、中国科学院科技战略咨询研究院、中国农业发展战略研究院
	舆论引导	RAND、FANRPAN、JIIA
	人才培养	RAND、中国社会科学院农村发展研究所、中国农业发展战略研究院
	知识传播	RAND、JIIA

3.3.2　资源要素的比较分析

智库的发展，最为重要的是形成一支能够参与政府决策咨询活动和学术研究活动的、适合智库发展需要的高水平的专业人才队伍，智库高质高效的专家库和核心团队可以最大限度地发挥农业智库的创造力，增强智库研究的客观性和科学性。在美国顶级智库斯坦福大学胡佛研究所常驻的 100 多位研究人员中，有 2 位诺贝尔经济学奖获得者、2 名国家科学奖章获得者、6 名国家人文奖章获得者、25 名美国人文与科学院院士、6 名美国科学院院士。胡佛研究所正是借助这种超级人才资源，才确立了其在美国乃至世界的学术话语霸权。同样，经过对比后发现，专家人才、知识成果、方法技术、品牌影响力、合作交流网络是不同智库机构的核心资源（表 3 - 15）。

其中，关于品牌影响力，不论在学术界还是民间，只要提到智库，想到最多的就是兰德公司，可见其建立的品牌效应和强大的社会影响力。无论是外界社会环境怎样变化，还是智库内部规模不断扩大，面对管理层面越来越多的挑战和困难，兰德公司成立多年而屹立不倒，并且在全球世界智库排名中始终名列前茅，这与其建立的品牌效应密不可分。兰德公司致力于公共利益，属于非营利性、无党派组织，"优质、客观"是其核心价值。兰德公司研究的独立性、彻底性和长期持续性，是其享有信誉和影响力的重要原因，其致力于为社会正义发声，以客观严谨的研究态度为基本原则，以客观高质量的研究成果来显示自身的公正，从而赢得政府的信任和社会的支持。一家公司的生存同个人一样，往往信誉要重要于能力，否则何谈可持续发展。

表 3 - 15　典型智库的资源要素对比

资源要素	分类	智库机构
核心资源要素	专家人才	RAND、IFPRI、Chatham House、FANRPAN、JIIA、KDI、中国社会科学院农村发展研究所、国务院发展研究中心农村经济研究室、中国科学院科技战略咨询研究院
	知识成果	RAND、IFPRI、Chatham House、FANRPAN、JIIA、KDI、中国社会科学院农村发展研究所、国务院发展研究中心农村经济研究室、中国科学院科技战略咨询研究院
	方法技术	RAND、IFPRI
	品牌影响力	RAND、IFPRI、Chatham House、FANRPAN、JIIA
	合作交流网络	IFPRI、Chatham House、FANRPAN、JIIA、KDI

3.3.3　管理方式的比较分析

从国内外农业智库建设经验来看，组织机构设置大多按照行政辅助和研究机构两大类型进行划分，行政辅助机构对研究机构起到条件支撑的作用，研究机构基本都按照智库的不同研究领域进行设置。兰德公司的科研部门包括行为与政策科学部、国防与政策科学部、社会学与统计学部和工程与应用科学部四个研究单位，以上四个研究单位统称兰德公司全球研究智囊团。在马萨诸塞大学阿默斯特分校农业、粮食与环境研究中心的研究机构中，专门建有农业咨询委员会中心，该中心由来自相关机构、行业和大学的 18 名咨询专家组成，每年两次向中心提供关于政策研究和推广的咨询方案。

通过对广泛的案例进行分析，目前国内外典型智库的管理方式主要有三种：理事会管理制度、国家部委直接领导和民间合作联盟（表 3 - 16）。国外大多智库机构施行的是理事会管理制度，例如兰德公司、国际食物政策研究所、查塔姆社、日本国际问题研究所、韩国发展研究院、中国社会科学院科技战略咨询研究院等。以兰德公司为例，兰德公司致力于公共利益，属于非营利性、无党派组织。兰德公司宣称，"优质、客观"是其核心价值，兰德公司研究的独立性、彻底性和长期持续性，是其享有信誉和影响力的重要原因。兰德公司致力于为社会正义发声，以客观严谨的研究态度为基本原则，以客观高质量的研究成果来显示自身的公正，从而赢得政府的信任和社会的支持。同样，日本国内排名第一的智库日本国际问题研究所，其管理与美国兰德公司等社会智库一样，实行评议委员会指导下的理事会管理制度，是独立于政府存在的公益财团法人机构，强调以客观的研究报告来显示自身的公正，从而赢得政府的信任和社会的支持。我们可以学习国内外先进的管理经验，实行理事会管理制度，根据管理需要，设立主席、理事会、委员会、会员。为保证研究结果的客观性和公正性、集约社会资源，主席可设置多个席位，人选可分别来自学术界、政府、企业等不同相关组织机构。理事会成员可以从会员中择优选出，理事会下同时设置施行不同功能的财政委员会、投资委员会等。另可设有学术咨询委员会，从中国国家级农业智库的建设发展、实施科学研究到政策咨询服务，为其提供智力支持和渠道。

表 3 - 16　典型智库的管理方式对比

管理方式	智库机构
理事会管理制度	RAND、IFPRI、Chatham House、JIIA、KDI、中国社会科学院农村发展研究所、中国科学院科技战略咨询研究院
国家部委直接领导	USDA-ARS、国务院发展研究中心农村经济研究室、中国农业发展战略研究院
民间合作联盟	FANRPAN

3.3.4　成果评估的比较分析

纵观国外知名智库机构，大多在机构内部设置有对自身成果进行评价的机构和标准，例如，IFPRI 在所长办公室下设有专门的影响力评价部门，主要从三个方面实施对 IFPRI 战略目标实现情况的评估工作：第一，确定评估标准，主要评估已有的研究成果对国际和国家级层面政策制定过程的影响。第二，开发评估方法，注重从研究项目开始到结束的不同阶段，不断开发具有实践指导性、适合研究进行所在不同阶段特征的、更合理的评估方法。第三，发布评估成果，评估过程设立委托外部专家监督机制，内部和外部评审结果在 IFPRI 研究会中对所有员工公示，最终的评估成果以论文、简报、书籍或报告的形式在 IFPRI 官方网站公布。兰德公司也设有内部科研项目审查机制，其科研成果质量评估标准为：项目研究目的应是明确的，研究方法应是可行的，对研究相关领域应是了解的，研究所用数据和信息应是最佳的，研究结果应能促进知识发展和解决重要政策问题，启示及建议应是合乎逻辑的、具有可操作性的，文档应准确易懂、结构清晰、语气温和，研究应是令人信服的、对利益相关者和决策者有价值的，研究应该是客观的、独立的、平衡的。与国外知名智库相比，我国农业智库机构本身少有设立项目评估或成果评估部门，缺乏智库质量评估标准。

国内方面，目前我国现有的智库评价体系都为第三方机构评价，即除却智库机构和政府机构以外的第三方机构对智库机构的评价，且大都聚焦影响力评价，即对智库效用、效果进行评价。国内比较著名的智库影响力评价体系有上海社科院的《中国智库报告》，中国社会科学院的《全球智库评价报告》，以及南京大学与光明日报联合发布的《全球报告来源智库 MAPA 测评报告》。目前国内的智库评价体系是存在诸多争议的，无论设计者制定了多么理想的评价程序，智库评价排名体系仿佛永远无法让人满意。与国外相比，我们缺少智库机构内部评价机制（表 3 - 17）。

表 3 - 17　典型智库的成果评估对比

评估方式	智库机构
内部评价	RAND、IFPRI、Chatham House、FANRPAN、JIIA、KDI
第三方评价	中国社会科学院农村发展研究所、中国科学院科技战略咨询研究院、国务院发展研究中心农村经济研究室、中国农业发展战略研究院

3.3.5 成果宣传的比较分析

为了整合资源、提高自身能力，国外知名智库注重与世界知名智库协同建设，吸收其经验，共同成长发展。例如，世界健康类智库中排名第一的剑桥卫生服务研究中心就是兰德公司协同建设合作伙伴之一。同时，为了争取资金资助、扩大政策影响力、巩固社会地位，国外智库通过多种渠道宣传和推广其成果。具体包括：通过出版著作和研究报告、发表文章等方式阐述观点；通过举办会议、专题报告会和演讲活动等方式向社会展示科研成果；通过报纸、网站、博客、专栏等媒介与政府官员、媒体和公众进行交流；通过接受报纸、电视台、广播电台记者的采访扩大社会影响；通过参加国会听证会来提高自身影响力，等等。

据统计，2014 年，国际粮食政策研究所共出版了 6 本著作，3 份粮食政策报告，1 个研究简报，9 个会议文件，19 个会议简报，1 期杂志。同年，布鲁金斯学会出版了 50 本著作。国外部分知名智库主办刊物情况见表 3-18。

表 3-18 国外部分知名智库主办的刊物

智库名称	主办刊物数量	主办刊物
国际粮食政策研究所	4	《国际食物政策研究所报告》（*Insights Magazine*）（每年 3 期）
		《全球粮食政策报告》（*Global Food Policy Report*）
		《全球饥饿指数》（*Global Hunger Index*，GHI）（每年 1 期）
		《研究简报》（*Research Brief*）（每年 12 期）
布鲁金斯学会	3	《布鲁金斯学会经济活动论文集》（*Brookings Papers on Economic Activity*）（每年 2 期）
		《布鲁金斯评论》（*Brookings Review*）（每年 2 期）
		《行为科学与政策》（*Behavioral Science & Policy*）（每年 2 期）
彼得森国际经济研究所	2	《政策简报》（*Policy Briefs*）（每年 12 期）
		《工作文件》（*Working Papers*）（每年 12 期）
卡托研究所	3	《卡托期刊》（*Cato Journal*）（每年 3 期）
		《公众评论》（*Public Comments*）（每年 12 期）
		《卡托公共政策论文》（*Cato Papers on Public Policy*）（每年 1 期）

（续）

智库名称	主办刊物数量	主办刊物
兰德公司	1	《兰德回顾》（*RAND Review*）（每年 6 期）
查塔姆社	2	《今日世界》（*World Today*）（每年 6 期）
		《国际事务》（*International Affairs*）（每年 6 期）
日本国际问题研究所	3	《国际问题》（国際問題）（每年 12 期）
		《俄罗斯研究》（ロシア研究）（每年 6 期）
		《JIIA 新闻通讯》（*JIIA Newsletter*）
韩国发展研究院	4	《KDI 经济政策杂志》（*KDI Journal of Economic Policy*）（每年 12 期）
		《月度经济趋势》（*Monthly Economic Trends*）（每年 12 期）
		《经济展望》（*Economic Outlook*）（每年 6 期）
		《经济公报》（*Economic Bulletin*）

资料来源：美国各农业智库官方网站。

国外知名智库会不定期举办研讨会，来自社会各界的知名人士可以面对面地交流思想。例如，2014 年，布鲁金斯学会国际咨询委员会在华盛顿召开第九届年会，与来自亚洲、拉丁美洲、欧洲等洲与美国等国家的政府官员和学者就世界关注的重大问题进行了探讨。其中涉及中国的问题有中国经济增速放缓对全球经济的影响，以及中国与日本、越南、菲律宾的领土争端问题的升级。国外知名智库通过接受报纸、电视台、广播电台记者的采访扩大社会影响；利用博客、专栏等网络媒介对其研究成果进行宣传和推销。据统计，截止到 2014 年年底，布鲁金斯学会 154 名学者的推特上共有 1 428 664人关注。在美国国会听证会上，除政府官员、利益集团代表外，智库的专家也常常被邀请参加，这不仅让他们获得了影响国会立法的机会，还可以引起媒体和学术界的关注，提高其社会影响力。例如，2014 年，布鲁金斯学会有 24 人次参加了国会听证会。另一方面，兰德公司将大部分研究成果发布在官方网站上，据统计，2016 年兰德公司图书馆与上年相比，新增了 550多份兰德出版物和约 400 篇期刊文献，其中出版物包括报告、播客、视频和评论文章，这些出版物几乎都被兰德公司授权对公众开放，可以从兰德公司网站免费下载；2016 年兰德公司的网页文档下载量达到 740 万次，与前一年网页文档下载量相比增加了 60 万次，社交网络媒体推特追随者达到 10 万余人。日本智库也经常通过电子媒体、杂志、书籍和其他出版物以及研讨会、讲座、讨论会议等形式，在日本内外传播知识和传播信息。可见，国外知名智库都注重对自身的宣传推广，特别是社会型智库，为获得社会信任、得到基金会的赞助，更加注重通过各种渠道的宣传推广工作。

相比较而言，我国智库机构多注重通过媒体宣传，来加强自身成果的宣传。特别是近年来国务院发展研究中心农村经济研究部接受中央媒体的访问比较多，这在很大程度上扩大了该部的国内外影响力，并同时起到了社会舆论引导和政府公共政策参考咨询的作用，也是其能够在世界智库名录上始终排名前列的原因之一。

3.3.6　制度保障的比较分析

美国智库在美国《所得税法》保障下实施捐款免税制度，在美国《政府绩效与成果法案》和《绩效与成果现代化法案》的要求下实施管理和评估制度；英国查塔姆社在美国《所得税法》保障下的实施捐款免税制度，在英国《皇家宪章》要求下的实施管理制度；另英国查塔姆社、国际粮食政策研究所，以及食品、农业和自然资源政策分析网络都在智库机构内部设置有自己的管理办法和规章；日本国际问题研究所在日本《公益法人认定法》保障下实施团体自治和税收优待制度。

中国方面，我国政府为支持智库建设，先后发布了《关于加强中国特色新型智库建设的意见》《中国特色新型高校智库建设推进计划》《国家高端智库建设试点工作方案》《国家高端智库管理办法（试行）》和《国家高端智库专项经费管理办法（试行）》。这些意见或计划的发行，足见我国政府推进智库建设事业的决心，但除了《关于加强中国特色新型智库建设的意见》，其他几条方案都是专门针对国家高端智库或高校智库的，这样的问题在于只有首先被国家遴选进高端智库试点名录的智库机构或属性上属于高校型智库的，才有机会享有相应的制度办法的保障，特别是《国家高端智库管理办法（试行）》，其设置了高端智库与中央制度之间直接建言沟通的制度，这保障了高端智库的快速发展，然而对于未被遴选入高端智库名录、但基础很好的智库来说，却没有相应的法律保障，从而制约了其发展（表 3 - 19、表 3 - 20）。

表 3-19 国内外智库建设法律制度对比

智库机构	法律制度
中国社会科学院农村发展研究所	《关于加强中国特色新型智库建设的意见》《国家高端智库建设试点工作方案》《国家高端智库管理办法（试行）》《国家高端智库专项经费管理办法（试行）》指导下的管理制度
国务院发展研究中心农村经济研究室	《关于加强中国特色新型智库建设的意见》《国家高端智库建设试点工作方案》《国家高端智库管理办法（试行）》《国家高端智库专项经费管理办法（试行）》指导下的管理制度
国际粮食政策研究所	国际农业研究磋商组织 CGIAR 基金保障下的资金捐款制度
兰德公司	美国《所得税法》保障下的捐款免税制度；美国《政府绩效与成果法案》和《绩效与成果现代化法案》要求下的管理和评估制度
英国查塔姆社	美国《所得税法》保障下的捐款免税制度；英国《皇家宪章》要求下的管理制度；查塔姆准则
食品、农业和自然资源政策分析网络 FANRPAN	《FANRPAN 宪法》保障下的管理制度
日本国际问题研究所 JIIA	日本《公益法人认定法》保障下的团体自治和税收优待制度
韩国发展研究院 KDI	—

注：表格中"—"代表没有官方信息。

表 3-20 国内外智库建设法律制度类别

保障机制	智库机构
成果质量审查机制	RAND、IFPRI、KDI
宣传推广机制	RAND、IFPRI、FANRPAN、JIIA
资金捐款机制	RAND、IFPRI、Chatham House、FANRPAN、JIIA
合作交流机制	RAND、IFPRI、Chatham House、FANRPAN、JIIA
能力培养机制	IFPRI、KDI
言论保密制度	Chatham House

为了生存下去，一些智库不得不接受海外机构和跨国公司的合作资助，但这样会加大政府对智库的猜忌。项目管理政策方面，中国目前还未形成健全的项目管理政策，与智库机构研究项目的管理和评估等相关的保障性法规和指导性政策还不够完备。同时，中国的专家咨询制度并没有相关法律规定

或者行业准则对咨询专家意见的"利益倾向性"进行抑制，目前对专家决策结果也没有统一有效的评价标准。只有配套完备的智库立法，才会使智库的运作有法可依，最大限度地降低智库机构的运作风险；只有配套完备的相关立法，建立相关评价标准，才会使智库项目管理有准则可依，最大限度地保障我国智库研究的客观性与科学性。

通过对国内外智库建设情况多方面对比分析，可总结出国内外典型智库建设战略经验为：功能定位具有全球视野；类型构成逐渐多元化；人才使用机制灵活；资金来源渠道广泛；注重成果质量评价；注重合作交流与宣传推广，法律制度保障完善。

根据案例充分深入分析结果，我们可以看到，一个成熟的智库首先应该是具有明确定位和可持续发展眼光的，其在决策需要、产业发展、科技进步、国际竞争的驱动下，应通过具有全球视野的科学研究，实现决策咨询、科学研究、舆论引导、人才培养、知识传播等重要功能。成熟的智库具备多元化的智库人才、高质量的智库成果、先进的科学技术、广泛的资金来源、强大的品牌影响力、合作交流网络等核心资源，并具备前瞻性、专业性、多元性、灵活性等特点。因此，建设一个能够充分发挥功能作用、实现其发展目标的智库机构，应该从功能定位、资源筹备、管理创新、制度保障等几个方面进行，其建设的根本原则应该是注重研究质量和信誉。

3.4 本章小结

如何学习智库建设的成功经验、结合我国国情和现实需要，应是中国国家级农业智库当前需要考虑的重要问题。现有的国外相关学术文献中关于不同专业类型智库的研究，较多集中在健康类智库的研究，而缺少对农业类智库的专门研究；国内关于农业智库方面的研究，大多从宏观角度探讨农业型智库建设的政策选择问题，进行实例分析和案例定量分析的比较少。本章在文献分析和专家咨询的基础上，从翔实的案例分析入手获得有参考价值的数据，利用典型案例，采用案例分析法，分析国内外智库的行为、发展特点、运行机制，总结经验，发现问题。在我国部分，根据全球智库报告 2016 智库排名情况、2016 中国智库名录、2015 国家高端智库试点名单以及智库机构的国内外知名度，选择我国智库的建设成功典型案例进行分析。考虑到研究对象对我国的借鉴意义，本研究又依据在全球范围内影响最广的宾夕法尼亚大学的《全球智库报告》，根据其国际知名度及与中国农业科研机构合作交流情况，从美国、英国、韩国、日本、非洲南部等充分选择案例样本。案例中不但包括国际食物政策研究所等农业类智库，还遴选了兰德公司、查塔姆社等非农业类智库建设的成功案例，对其运作特点进行分析。进而对中外智库建设的基本情况和方案战略进行对比分析，进而从其他国内外各类型智库的建设经验上，获得对中国国家级农业智库建设的借鉴意义。

研究发现，中国社会科学院农村发展研究所、国务院发展研究中心农村经济研究部等都是具有国际影响力的中国典型智库，其在我国政府政策的大力支持下，积极推进本领域新型智库事业建设，为中国政府的科学化、民主化决策起到了重要的推动作用，其智库建设经验也为中国农业智库的建设起到了引领和示范作用。通过对国内外智库建设情况多方面对比分析，可总结出国内外典型智库建设战略经验为：功能定位具有全球视野；类型构成逐渐多元化；人才使用机制灵活；资金来源渠道广泛；注重成果质量评价；注重合作交流与宣传推广，法律制度保障完善。本章深入分析了国际知名智库建设的实证成功经验，并为第五章、第六章的研究工作提供了数据来源和理论依据。

第四章 中美农业智库建设的比较研究

具有代表性的案例和可靠的数据是进行研究的前提，也是保证研究结论科学的基本要求。客观分析中国农业智库的建设现状并发现问题，是中国农业智库建设当前需要首要考虑的。现有国外相关学术文献中关于不同专业类型智库的研究，较多集中在健康类智库的研究，而缺少对农业类智库的专门研究；国内关于农业智库方面的研究，大多从宏观角度探讨农业型智库建设的政策选择问题，进行实例分析和案例分析的比较少。因此，本章首先对全球智库建设现状和中国农业智库建设现状进行描述性分析，然后根据全球智库报告 2016 智库排名情况、2016 中国智库名录、2015 国家高端智库试点名单以及智库机构的国内外知名度，在文献分析和专家咨询的基础上，选择中美两国农业智库建设的典型案例进行对比分析，以从翔实的案例分析入手获得有参考价值的数据，进而分析中国农业智库建设的现状和存在的问题。

4.1 智库建设现状分析

4.1.1 智库的发展历程

4.1.1.1 国外智库发展历程

"智库"一词最早出现在第二次世界大战期间的美国（Dickson，1971）。詹姆斯·麦肯（McCann，2009）认为：美国历史上的第一个具有智库功能的独立机构是 1916 年成立的布鲁金斯学会的前身——政治研究所。1906 年日本创建的野村综合研究所被认为是亚洲地区出现最早的智库。

从全球智库的发展历程来看，现代意义上的智库大体上经历了四个发展阶段（图4-1）。第一个阶段是20世纪初到第二次世界大战期间，此时成立的智库主要有胡佛研究所、对外关系委员会、拉塞尔塞奇基金会和政府研究学会，它们主要致力于研究和解决美国公共政策问题；第二个阶段是第二次世界大战结束到20世纪60年代初期间，其间迅速出现了大批与政府签订研究合同的社会智库，最有名的便是现今仍十分活跃的成立于1948年的兰德公司，公司旨在协助解决政府面临的各种政治和经济问题；第三个阶段是20世纪70年代到80年代期间，官方智库和社会智库持续发展，这一时期的智库发展具有一定的意识形态色彩，它们一般都带有鲜明的党派倾向，力求影响当时的政治或者公共政策；第四个阶段为20世纪90年代至今，全球智库平稳发展并力求创新，美国成立了卡特中心和尼克松和平与自由中心，中心在为本国制定军事、政治、经济、文化发展策略的同时，更加注重对外政策的研究，此时的智库一般由具有政治背景的人物支持或者创办。

图4-1 国外智库的历史演变

4.1.1.2 中国智库发展历程

智库建设的历史实践拥有不同的社会环境和文化基础，存在着不同的形式特点，所以研究我国智库建设的历史演变过程，会对新时期的智库建设具有启示作用。本部分将中国智库发展阶段划分为中华人民共和国成立之前和之后两个部分（图4-2）。

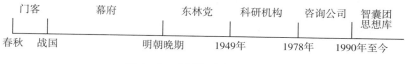

图4-2 中国智库的历史演变

（1）中华人民共和国成立前的智库（春秋战国时期至1949年）

①春秋战国时期的门客。据研究，门客始于春秋时的刺客，到战国时形成规模。当时社会形势动荡，各权力阶层纷纷进行制度创新，揽纳有识之士，出谋划策，以备不时之需。据记载，信陵君、春申君、孟尝君、吕不韦的食客皆达三千人，毛遂自荐、鸡鸣狗盗等与门客有关的事迹成为后世的知名成语。

②战国至明清时期的幕府。周天游认为，幕府最初出现在出征的将帅军营中，出征的将帅们自己招揽人才，幕府制度由此而建立，随后幕府很快就不止出现在古代军事机构中。美国的 K·E·福尔索姆指出，幕府是中国历史上各个时期的地方官员私人聘用参谋人员的制度。

③明清时期的东林党。明代晚期"东林党"出现，这个"党"不是现在意义上的党派，而是由特定的一群人组成的朋党。在组织形式上，东林党聚集了在朝在野的各种政治代表人物、地方势力代表人物和学术思想代表人物。天启五年（公元1625年）魏忠贤对东林党采取了残酷的镇压行动，东林书院被拆毁，讲学行为中止。

（2）中华人民共和国成立后的智库（1949年至今）

①改革开放之前的科学研究机构。经过近二十年的抗日战争和内战的蹂躏摧残，中华人民共和国成立后，我国政府集中建设能够保证党和政府顺利运转的组织机构以及经济、文化等各方面的制度，其中对大学和研究机构的建制，采用中国共产党领导下的院长负责制。中华人民共和国刚成立，毛泽东就指示上海市市长陈毅在上海建立了上海政府参事室，在周恩来总理的关怀下，国务院参事室也很快成立，很多专家聚集在参事室内，为国家的发展

建言献策。1957年6月，归属于中国科学院的哲学社会学部逐步分离出来，归中宣部直接领导。同年，中国农业科学院成立，归属农业部主管。1966年，"文革"开始，全国科研机构和大学工作陷于停顿状态。1976年，粉碎"四人帮"后，中国历史翻开新篇章，在中央政府的关怀和整治下，全国科研机构和大学逐步开始恢复工作。

②改革开放之后的参考咨询机构。1978年，中央政府在邓小平的领导下，实行全面改革开放，中国政府对政府管理体制和运行机制等各方面进行改革，对社会科学研究等系统进行改造，随后中国的研究体系开始逐渐学习西方建设经验，增加了科学研究的活力和能力。80年代中期，中央拨款分散，研究机构和研究人员拥有了更加自由支配的科研经费和科研选题权限，能推出自己的研究项目和选题进行研究，学校也被赋予自由权限设置自己的特色课程。同时，随着改革开放进程的不断加深、与国际交流合作的不断增加和延伸，国内研究机构引入了西方的科学研究框架，出现了一批具有不同研究方法论的科学家。随着机构的改组，新建立的研究机构和改组后的研究机构越来越多地参与进了国家政府的经济及政治改革，特别政府改革策略的参考越来越依靠中国社会科学院等专家顾问的意见。

另外，我国咨询业与改革开放同时起步，1979年中国企业管理协会成立，咨询报告广泛适用于政府的产业规划、金融保险机构、投资机构、咨询公司、行业协会、公司、企业信息中心与战略规划部门和个人研究等客户。其中政府发展报告，包括政府主要工作报告，如规划、区域发展等。

2003年，随着胡锦涛主席的科学发展观的提出，中央政府对长期发展规划的政策研究与建议越加重视，强调科学研究和专家意见对中国软实力提升的重要性。此阶段"智囊团""思想库"等概念被反复重点强调，同时，随着基础研究经费的进一步提高，政府越来越多地征求政府机构外部的咨询意见，并采用中国自然科学基金项目等形式对政府关注的科学问题和政策问题进行公开招标，还强调科学研究人员之间的公平竞争。此阶段，在国际外交政策、中国经济和政治体制改革、气候和能源变化等领域内，科学研究和参考咨询机构通过为政府官员授课、提供内部研究报告、政府项目委托等方式，有效参与了中国政府政策的制定过程，取得了一定成效（Naughton et al.，2002）。

③中国新时期智库。20 世纪 90 年代以来，随着中国经济的快速增长、世界环境的日益复杂，中国政府越发认识到决策的民主化、科学化需要，因此近年来各传统科学研究机构通过延续自身特色，积极探索中国特色新型智库的组织形式和管理方式，积极推进智库建设实践。例如，2011 年 11 月，中国社会科学院实施创新工程后成立了首批跨学科、综合性、创新型学术思想库和新型研究机构——中国社会科学院财经战略研究院、中国社会科学院亚太与全球战略研究院、中国社会科学院社会发展战略研究院。随着政策环境的优化，社会上也出现了很多社会型的智库，例如天择经济研究所、阿里巴巴智库等。

2015 年 6 月 4 日，农业部强调，农业智库建设是推进农业农村经济持续健康发展的迫切要求。2015 年 12 月，我国政府出台"首批国家高端智库建设试点单位"，中国社会科学院、国务院发展研究中心等 25 家机构入选，试点方案要求试点单位寻找成为具有世界影响力和知名度的高端智库的发展办法与途径，总结成功经验，以推进我国智库建设的总体进程。

2017 年 1 月，据宾夕法尼亚大学发布的全球智库报告统计，截至 2016 年，美国共有 1 835 家智库；中国共有 435 家智库，位居全球智库数量排行第二（McGann，2017）。以中国社会科学院为例，其在 2014 年全球智库排名中位居世界第二十，2016 年全球智库排名榜中位居世界第三十八位。

4.1.2　智库的数量规模

通过统计宾夕法尼亚大学 2007—2016 年全球智库报告中的数据发现，除了 2014 年的 6 681 家比 2013 年的 6 826 家有少量下降外，近十年全球智库数量均呈现逐年上升的趋势，从 2007 年的 5 080 家逐年增长到 2016 年的 6 846 家，这一数据基本能够展现全球智库的发展走势（表 4-1）。

表 4-1　2007—2016 年全球及主要国家智库数变化情况

单位：家

年份	全球总计	美国	英国	中国	德国	印度
2007	5 080	1 776	283	73	187	122
2008	5 465	1 777	283	74	186	121
2009	6 305	1 815	285	428	190	261

（续）

年份	全球总计	美国	英国	中国	德国	印度
2010	6 480	1 816	292	425	191	425
2011	6 545	1 815	292	425	194	425
2012	6 603	1 823	288	429	194	429
2013	6 826	1 828	287	426	194	426
2014	6 681	1 830	287	429	194	280
2015	6 846	1 835	288	435	195	280
2016	6 846	1 835	288	435	195	280

4.1.3　智库的区域分布

从不同国家层面来看，美国作为全球智库数量和质量一直最发达的国家，其智库的数量、质量、知名度和影响力都远远高于其他国家，美国智库数量从 2007 年的 1 776 家逐年增长到 2016 年的 1 835 家，一直处于全球智库发展的领先地位。我国的智库数量在 2008 年到 2009 年之间出现了快速增长的现象，智库总数量从 2008 年的 74 家迅猛增至 2009 年的 428 家，智库总数量跃居世界第二，发展速度迅猛，引起了西方社会的广泛重视。2016 年中国智库总数量达到 435 家，印度紧随我国其后，智库数量达到 280 家。

4.1.4　高质量智库排名

《2016 全球智库报告》发布了 2016 年全球综合能力前 150 强智库排名，本节主要列举其中前 50 名全球高质量智库进行分析。美国不但智库数量遥居世界第一，智库质量也是以绝对优势领先于世界其他国家。在全球前 50 强综合能力智库排名中，美国智库占了 13 家，并且其中有 6 家位居全球前 10 位，它们分别是多年位居全球前列的布鲁金斯学会、卡耐基国际和平基金会、战略和国际问题研究中心、兰德公司、伍德罗·威尔逊国际学者中心、对外关系委员会，这几家智库机构均成立历史悠久且世界知名。

英国有 7 家智库机构入选全球 2016 年前 50 强智库排名，其中有 1 家居全球前 10 位，为排名世界第 2 位的老牌智库查塔姆社。德国也有 7 家智库入选全球前 50 强智库排名。中国有 3 家智库机构入选全球前 50 强智库排名，分别是中国现代国际关系研究院（排名第 33 位）、中国社会科学院（排名第 38 位）、中国国际问题研究所（排名第 40 位）。其他国家智库入选全球 2016 年前 50 强智库榜单的情况为，比利时有 3 家，加拿大、日本、俄罗斯和韩国各有 2 家，法国、巴西、瑞典、丹麦、黎巴嫩、阿根廷、荷兰、澳大利亚、南非各有 1 家智库入选全球 50 强智库榜单，其中日本国际问题研究所排名第 15 位，是亚洲地区排名第一的智库机构。

经过对全球智库建设现状的分析发现，美国目前是世界上智库建设数量和质量均居首位的国家，为深入寻找中国农业智库建设中存在的问题，我们下面从中美对比的角度，深入分析中国农业智库与美国农业智库间存在的差距和问题。

4.2　中国农业智库建设的比较分析

4.2.1　数据来源

为深入研究中国农业智库发展的现状和特点，理清影响农业智库发展的影响因素，我们在 2016 中国智库名录基础上，对网络文献进行了搜集和实地调研，结果发现中国实际存在的农业智库数量要比现有智库名录中总结的要多。因此我们通过征询专家意见和实地调研，初步遴选了 50 家农业智库，收集到的信息主要来源于各智库官网、中国智库网信息中心等公开渠道，面对公开渠道获取部分数据缺失的情况，我们主动联系调研机构，向相关负责人及专家进行电话访谈或实地访谈，全面调查了农业智库的发展历史、建设现状以及存在问题。最终在信息搜集的过程中，我们剔除掉因数据缺失过多而不适合分析用的 14 家机构，最终确定了 36 家农业智库作为分析样本（表 4 - 2）。

调查发现，近几年农业智库发展迅速，涌现出了中国社会科学院城乡发展一体化智库、中国智库网平台、中国林业智库、四川农业大学智库、黑龙江创联新农业智库等一批不同类型的农业智库机构组织，这些农业智库的发展各具特点。

表 4 - 2　中国农业智库样本选择

序号	智库名称	序号	智库名称	序号	智库名称
1	财政部中国农村财经研究会	13	西北农林科技大学西部农村发展研究中心	25	中国人民大学农村发展研究所
2	北京大学中国农业政策研究中心	14	浙江大学农业现代化与农村发展研究中心	26	上海交通大学新农村发展研究院
3	中国社会科学院农村发展研究所	15	华东理工大学中国城乡发展研究中心	27	中国城乡发展国际交流协会
4	中国农业科学院农业信息研究所	16	西南大学统筹城乡发展研究院	28	中国粮油学会
5	国务院发展研究中心农村经济研究部	17	安徽大学农村社会发展研究中心	29	中国林学会
6	中国农业科学院农业经济与发展研究所	18	东北农业大学新农村发展研究院	30	中国农学会
7	国家林业和草原局经济发展研究中心	19	华中农业大学湖北农村发展研究中心	31	当代城乡发展规划院
8	中国农业大学农民问题研究所	20	华中师范大学中国农村研究院	32	北京大学-林肯研究院城市发展与土地政策研究中心
9	中国农业大学新农村发展研究院	21	东北师范大学农村教育研究所	33	中农智库信息咨询（北京）有限公司
10	中国农业大学中国土地政策与法律研究中心	22	南京农业大学区域农业研究所	34	黑龙江创联新农业智库
11	中国农业大学中国农村政策研究中心	23	苏州大学中国特色城镇化研究中心	35	草地农业智库平台
12	同济大学新农村发展研究院	24	四川农业大学新农村发展研究院	36	农智汇

4.2.2　分析结果

4.2.2.1　时间分布

统计分析后发现，被调查的 36 家农业智库成立时间大多集中在 1990 年以后，共有 27 家，占 75%；而与 1990 年以后相比，1990 年以前成立的农业智库只有 9 家，是 1990 年以后成立的智库数量的三分之一，仅占样本总量的 25%。从中国农业智库的时间分布比较上可以看出，20 世纪以来，随着我国政府对智库建设的注重和一系列智库建设办法意见的出台，中国农业智库的数量快速增长。

4.2.2.2　类型构成

中国农业智库按其所属系统划分，主要有官方型智库、科研机构型智库、大学附属型智库、社会型智库四种类型。在对所选样本进行统计后发现，目前我国大学附属型农业智库占比最高，达到 58%；其次是官方型农业智库，占比为 20%；再次是科研机构型农业智库，占比为 11%；最后为社会型农业智库，占比为 11%。可见大学附属型农业智库的数量占有优势，各大学机构因为具有掌握科学前沿的领域专家，所以其智库的建设也日益得到学校的重视。2014 年 2 月，教育部出台《中国特色新型高校智库建设推进计划》（以下简称《计划》），《计划》出台以来，全国高校在智库建设方面取得了很多进步。官方型农业智库和科研机构型农业智库是我国农业智库的中坚力量，而社会型农业智库建设处于刚刚起步阶段，数量较少且国内知名度和影响力不高。

4.2.2.3　智库规模

调查样本表明，中国农业智库有一半以上员工规模在 20～40 人左右，占比为 55.56%，员工规模为 40 人以上的中国农业智库占 22.22%，20 人以下员工规模的中国农业智库占 22.22%。从智库规模的比较上来说，员工规模为 20～40 人之间的农业智库数量是占比最高的，说明我国农业智库规模不大，大多是由领域专家构成的规模适中的研究组织。

4.2.2.4　专家资源

智库的发展，最为重要的是形成一支能够参与政府决策咨询活动和学术研究活动的、适合智库发展需要的高水平的专业人才队伍，而完善的用人机制是各类型智库发展的保障。智库高质高效的专家库和核心团队可以最大限度地发挥农业智库的创造力，增强农业智库研究的客观性和科学性，为提高农业智库的竞争力奠定坚实的智力资本和知识基础。与我国国家级智库拥有的人才相对稳定的特点不同，美国智库的人才流动性强，有进有出，随时可以邀请到所需要的专家加盟。然而，由于人事引进制度、人事培养制度与人事考核制度的融合不够，中国智库很难发挥像美国一样的

"旋转门"人才流动优势，更多的情况是：智库引入的专职专家人才因受所在单位科研考核机制约束，导致其在科研成果单位中无法署名兼职的智库，或者科研成果单位排序只能考虑将智库机构排在后面。这种现象的背后反映的是智库专家很难获得所在单位的支持和配合，完成智库委托的课题也相应地存在精力与时间不足的问题，怎样建立一种专家的协同工作机制，是我国国家级智库建设需要考虑的首要问题。由图 4-3 对样本的统计发现，我国科研机构型农业智库的总员工数量最多，平均每家智库机构有 149 人，其平均拥有专家（副高级职称以上）53 人，专家占比为 35.57%；社会型农业智库的总员工数量居第二位，平均每家智库机构有 50 人，其平均拥有专家 30 人，专家占比为 60%；大学附属型农业智库总员工数量居第三位，平均每家智库机构有 32 人，其平均拥有专家 23 人，专家占比为 71.88%；官方型智库总员工数量最少，但专家占比最高，平均每家智库机构有 12 人，平均拥有专家 11 人，专家占比高达 91.67%。从专家资源的占比对比上来讲，官方型农业智库占有的专家资源最多，这也是其智库成果能被国家多次批示和采纳的重要原因之一，而大学附属型农业智库拥有总员工最多，发展潜力较大。

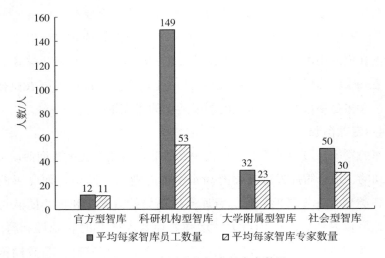

图 4-3 中国农业智库的专家数量

4.2.2.5 地域分布

行政区划又被称为行政区域，是指为了方便于行政管理，国家对不同地区按照行政管理级别而划分的不同区域。中国行政区划，自古至今历代多有变更。《中华人民共和国宪法》明确规定了中国的行政区划，截至 2016 年，我国共有 34 个省级行政区，334 个地级行政区划单位（不含港澳台），本研究对行政区域的划分沿用学术界经常应用的区域地理分布的说法：即将我国的行政区域划分为华东、华北、华南、华中、东北、西南、西北七大区，鉴于研究对象的范围，以上各省市均不包括香港、澳门、台湾地区。

统计样本发现，截至 2016 年，中国农业智库的所在地区分布为：华北地区 19 家（都位于北京）；华东地区 8 家（上海 3 家，江苏 2 家，浙江 1 家，安徽 1 家，山东 1 家）；华中地区 2 家（均位于湖北）；西南地区 2 家（重庆 1 家，四川 1 家）；西北地区 1 家（位于陕西），东北地区 4 家（黑龙江 2 家，吉林 2 家）。北京和上海的农业智库数量位居全国城市所有农业智库数量的第一位和第二位，可见中国农业智库的地域分布失衡，农业智库的发展是与其所在城市的文化经济发展密不可分的。

4.2.2.6 资金来源

拥有长期稳定的资金支撑，是农业智库得以良性发展的重要保障。通过问卷调查和专家访谈分析得知，我国具有官方背景的农业智库的资金来源比较稳定，多为项目支持和政府拨款，因此多数官方型智库机构的管理者认为专家是影响其自身发展的关键因素，而不是资金，但与发达国家智库广泛多元的资金来源相比，其资金还存在着来源单一、使用不够灵活的缺点。例如，中国社会科学院农村发展研究所 2016 年用于智库建设的投入经费数量为 1 020 万元，智库运营经费的主要来源是承担课题经费；同时中国社会科学院农村发展研究所认为，要想促进智库发展，与科研机构合作最为有利，制约智库发展的关键问题是专家资源问题。

另外，目前中国政府对民间社会智库的管理普遍采取登记注册制度，没有相应的收入免税制度。长期缺少稳定的资金来源，必然影响地方智库的生存状态，进而影响其研究成果的可靠性和科学性。在对黑龙江创联新农业智库、中农智库信息咨询有限公司、草地农业智库平台等几家社会农业智库进行调研时，多家地方营利型农业智库机构均认为目前制约自身发展的因素是缺少政府的资金支持，最想合作的机构是国家高端农业智库机构，同时最希望得到政府的资金和政策支持。

4.3 美国农业智库建设的比较分析

4.3.1 数据来源

考虑到研究对象对中国的借鉴意义，本研究根据 2016 年《全球智库报告》、与中国农业科研机构合作交流情况和其国际知名度、2015 年《美国新闻和世界报道》（USNEWS）农业科学专业世界大学排行榜，分别从社会型农业智库、官方型农业智库和大学附属型农业智库中选择样本进行比较分析。

4.3.1.1 官方型农业智库——以美国农业部农业研究局（USDA-ARS）为例

USDA-ARS 成立于 1953 年，是美国农业部（USDA）的首席科研机构。USDA 的前身是 1862 年建立的联邦政府农业司，1889 年改为现名，其研究工作受到美国相关立法的认可和支持，例如 1935 年《农业研究法案》、1985 年《食品安全法》、1990 年《食品、农业、保护和贸易法案》、1996 年《联邦农业完善和改革法案》等。该机构拥有 2 000 多名研究专家和 6 000 多名其他工作人员，在全球有 100 多个历史悠久的研究实验室。

依据不同职能的需要，USDA-ARS 设有 10 个办公部门，分别为：国内项目办公室、国际项目办公室、技术传递办公室、信息主管办公室、科学质量评价办公室、推广多样性和机会平等办公室、法律事务部、预算和项目管理部、行政和财务管理部以及信息部（公共事务）。其中，国内项目办公室负责项目资金等资源的配置，国际研究项目办公室负责各项国际交流合作活动，技术传递办公室负责由美国农业部许可的技术转移工作，信息主管办公室负责项目的信息技术保障，科学质量评价办公室负责项目质量评估，推广多样性和机会平等办公室负责该局的宣传相关事务，法律事务部负责该局的法律相关事务，预算和项目管理部负责项目预算和管理，行政和财务管理部负责人力资源和财务资源管理，信息部（公共事务）负责网站维护等日常信息技术工作。每个部门在财务、技术、宣传等方面各司其职，共同保障和维护 USDA-ARS 的正常运作。此外，USDA-ARS 还与美国农业图书馆合作，建立了联盟式的政府科学信息站点。

USDA-ARS 设立的实验室分布在五个不同地区。其中，太平洋西部地区包括美国西部地区 8 个不同的州（亚利桑那、加利福尼亚、夏威夷、爱达荷、内华达、俄勒冈、犹他和华盛顿），均被设立了实验室；中西部地区包括中西部 9 个不同地区（肯塔基、伊利诺伊、印第安纳、俄亥俄、艾奥瓦、密苏里、密歇根、明尼苏达、威斯康星），也均被设立了实验室；东北部地区指马里兰州等东北地区，共被设立了 15 个实验室和 9 个工地；平原地区指得克萨斯州等平原地区，被设立了包括肉类动物研究中心、北方大平原研究中心等在内的诸多实验室；东南部地区主要包括东南部 8 个不同地区（阿拉巴马、阿肯色、佛罗里达、佐治亚、路易斯安那、密西西比、北卡罗来纳、南卡罗来纳），被设立了 27 个实验室和 4 个工地（梁丽等，2016）。

4.3.1.2　大学附属型农业智库——以美国典型涉农高校研究所为例

（1）康奈尔大学康奈尔国际粮食、农业和发展研究所（CIIFAD）

康奈尔大学一直是国际农业和农村发展研究的领先者，1990 年，该大学成立了 CIIFAD。CIIFAD 与非洲、亚洲和拉丁美洲的合作伙伴共同发起了研究项目，致力于全球粮食安全、农村可持续发展和世界环境保护领域问题的研究。

截至 2017 年，CIIFAD 负责管理工作的专职雇员有 9 位，包括 1 名机构主任、1 名机构副主任、2 名主任助理和 5 名科研协调人员。该研究所主任是 Ralph Christy 教授，他曾担任美国农业经济学会主席，负责研究所的整体管理工作；该研究所副主任是 Edward Mabaya 博士，他主要协助主任处理研究所的各项日常工作。CIIFAD 的科研人员是来自康奈尔大学不同院系和研究中心的学者（梁丽等，2016）。

（2）马萨诸塞大学阿默斯特分校农业、粮食与环境研究中心（UMass Amherst-CAFÉ）

Amherst-CAFÉ 成立于 2001 年。2001 年，马萨诸塞大学阿默斯特分校同美国农业部国家食品与农业研究所联合创立了"农业中心"，UMass Amherst-CAFÉ 是"农业中心"的一个分支研究机构，它支持大学教师和工作人员进行合作研究。

UMass Amherst-CAFÉ 设有两个政策咨询机构：一是在 1997 年成立的马萨诸塞公众监督委员会，其大部分委员由州长任命，为马萨诸塞大学阿默斯特分校校长和学校推广人员提供关于战略决策的目标、预算和项目的咨询；二是在 2010 年成立的农业咨询委员会中心，该中心由来自相关机构、行业和大学的 18 名咨询专家组成，每年两次向中心提供关于政策研究和推广的咨询方案。

(3) 加州大学戴维斯分校能源、环境和经济政策研究所（UCDAVIS-PIEEE）

UCDAVIS-PIEEE 主要研究加州大学戴维斯分校关注的重点问题，包括能源、气候、农业、生态、空气和水质量等问题。该研究所致力于利用世界一流大学学者的专业知识，为决策者提供可靠的、相关的、及时的信息和分析，主要通过学术研究、政策建议、人才培训三种途径来实现其目标。

UCDAVIS-PIEEE 的管理高层由加州大学戴维斯分校校长任命的三位副校长组成，他们分别负责该研究所的科学研究管理、技术与交流合作管理、跨学科研究和战略倡议。他们都是美国教育界杰出的领导者，与加州大学戴维斯分校校长共同支持学校的研究工作。

4.3.1.3 社会型农业智库——以国际食物政策研究所（IFPRI）为例

IFPRI 成立于 1975 年，总部位于美国首都华盛顿，在非洲和南亚设有分部，目前有 600 多名工作人员，还在中国、埃塞俄比亚、加纳、印度、意大利、尼日利亚、塞内加尔、乌干达等国家设立了办事处。

IFPRI 遵从企业管理的方法，由最高管理层——理事会选任研究所所长，所长对 IFPRI 的运行全权负责，所长办公室负责协调 IFPRI 的日常业务，为所内各机构、项目、管理活动提供支持。截至 2017 年，该所的具体项目有 2020 展望项目、能力增强项目、2005 协议项目、机构关系项目、伙伴关系和业务发展项目、影响评价课题、全球粮食政策报告、IFPRI 策略（2013—2018）等。所长办公室共有 21 名工作人员，所长是美籍华人经济学家樊胜根（Shenggen Fan）。在所长之下，IFPRI 的构成主要有行政管理和学术研究两大部分。行政管理主要由财务和管理部负责，财务和管理部由 4 个部门组成，即财务部、信息技术服务部、旅行部、设施部，分别对资金、网络和后勤服务进行管理。IFPRI 将自己的使命定位为"提供以研究为基础的政策解决方案，以持续减少贫困、饥饿和营养不良"，其研究项目主要涉及营养与生态农业、市场政策等（梁丽等，2016）。

4.3.2　分析结果

4.3.2.1　类型构成

美国农业智库从类型构成上来讲，主要有官方农业智库、半官方农业智库、社会农业智库和大学附属农业智库四大类。官方农业智库通常指由政府全额出资建立的智库，或者指依附于政府内部机构并为政府决策服务的智库，例如美国农业部农业研究局就是附属于美国农业部并且为美国国会服务的官方智库。社会农业智库指组织上独立于任何其他机构、经费来源于除政府外的社会机构或者个人捐助的智库。作为典型的私有制国家，美国拥有世界上最庞大的社会农业智库群体，例如布鲁金斯学会、美国国家经济研究局、彼得森国际经济研究所、卡托研究所、农业与贸易政策研究所等，都属于独立于政府之外的社会农业智库。其实，美国学者普遍认为：智库是指独立于政府与企业之外、专门从事公共政策研究的非营利性学术机构（余章宝，2007）。显然，在美国国内，为保证研究的客观独立性，智库是被排除在政府内部或者隶属于政府组织之外的，美国社会农业智库具备官方农业智库无可比拟的独特优势（梁丽等，2016）。

4.3.2.2　资金来源

美国农业智库的资金来源丰富多元，主要渠道有基金会、企业和个人的赞助和捐赠，出售研究成果和其他出版物所得经营收入以及政府支持等。其中，基金会等社会各方赞助和捐赠是社会型智库的主要资金来源。例如，以对外宣称独立性而著称的布鲁金斯学会，其经费来源主要是基金会赞助。而对于官方型智库，政府支持和委托研究项目是其主要资金来源。例如，具有深厚官方背景的兰德公司，其经费来源主要是政府支持和委托项目，2014年，该来源的经费占其经费总来源的70%～80%左右（韩显阳，2015）。

（1）基金会、企业和个人捐赠

美国大多数农业智库根据《所得税法》注册为免税的非营利性机构，因此享受免税的优惠政策，社会对农业智库的捐赠也享受免税待遇。为了获得免税资格，它们不得公开支持或者反对任何政治派别。同时，美国法律对智库游说政府获取经费支持的预算支出比例有明确的规定和限制。例如，作为一个非营利性的科学研究组织，布鲁金斯学会依照美国税法第 501（c）（3）的有关规定享受受捐免税待遇。因此，布鲁金斯学会每年都会公布自身的收入和支出明细，做到财务透明，便于捐赠者监督。

根据 2014 年《布鲁金斯学会年度报告》公布的经费来源数据可知，2014 年，布鲁金斯学会的经费来源主要是基金会赞助，占经费总来源的 86%，其次是捐款收入，占经费总来源的 10%，学会的出版物自营收入和其他收入各占经费总来源的 2%。可见，因为美国对智库的相关免税待遇以及智库自身倡导的公平独立原则，基金会等社会各方赞助和捐赠是美国社会型智库的主要资金来源。

（2）政府支持

美国政府对官方型农业智库和大学附属型农业智库投入大量资金进行支持。例如，2011—2012 年，UCDAVIS-PIEEE 获得的政府支持资金占其经费总来源的 51%，其中，美国卫生和公众服务部、美国农业部、美国科学基金委员会是主要的赞助单位。

（3）出版收入

美国农业智库都会定期出版研究著作、简报、报告、期刊和杂志等，这些出版物的销售收入会作为智库经费的一部分，投入农业智库的日常运营之中。据统计，2014 年，布鲁金斯学会出版了 50 本著作，出版收入占学会全部运营资金的 2%。

（4）国际资助

随着美国农业智库国际影响力的与日俱增，越来越多的国际相关机构选择对其予以资助。例如，2011—2012 年，UCDAVIS-PIEEE 得到了来自全世界 20 多个国家和地区不同机构的资金支持。在诸多国际赞助机构所属国家中，德国位居赞助数额首位，随后是英国和瑞士。

由资金来源构成的比较分析可知，美国社会型智库的主要资金来源为基金会等社会各方赞助和捐赠，而官方型和大学附属型农业智库的主要资金来源是政府支持和委托研究项目（梁丽等，2016）。

4.3.2.3　成果评估

出于自身建设发展需要，在美国 1993 年政府绩效与成果法案（GPRA）

和 2010 年绩效与成果现代化法案（GPRAMA）要求指导下，USDA-ARS 制定了 2012—2017 年战略实施计划，该计划规划了 USDA-ARS 的发展目标，规定了对其研究成果进行评价的绩效评估指标，并将其核心价值观定位为：包容、合作、问责制、客户关注、专业化和结果导向。USDA-ARS 建设的核心价值观即计划实施的实现路径为其他机构的智库建设提供了宝贵的成功经验，下面主要介绍 USDA-ARS 的科研项目评估问责机制。

为保障科研项目的正常运转，美国智库有完善的项目管理机制。下面以 USDA-ARS 的项目管理流程为例来分析其项目管理机制。

目前，USDA-ARS 承担的国家研究项目共涉及 4 个研究领域：动物饲养和保护，作物种植和保护，自然资源和可持续农业系统，营养、食品安全和食品质量。每一领域由一组科学家负责，他们负责规划和制定能够影响美国农业关键问题的研究策略；同时，每一领域设有项目管理者对项目研究中遇到的问题进行协调管理。USDA-ARS 实施五年为一周期的项目评审问责制度，每一评审周期分为四个阶段，以保障项目从选题到完成的高质高效。

第一阶段以研究项目提出为主。USDA-ARS 为科研项目委托客户提供科研项目回顾性评估报告，组织客户和科学家开办研讨会，经过双方讨论后提出研究项目。在确定研究项目后，客户和专家建立联系，并由此进入第二阶段。

第二阶段需要对包括战略规划和行动规划在内的国家项目研究计划进行评审与论证，同时制定包括项目研究方向和资源分配等内容在内的详细项目选题计划书，并请科学界同行对该计划书进行评审。项目计划评审通过后，项目小组需确保项目进展顺利，并由此进入第三阶段。

第三阶段为研究项目的启动与实施过程。在此期间，需对各项目进展和研究人员进行年度绩效考核；同时，项目管理者会对研究中遇到的问题进行协调沟通，并对项目进行年度监督检查。监督检查结束后，根据项目完成情况做出评估，并由此进入第四阶段。

第四阶段以项目质量评估为主，即在项目完成后，由项目外部客户小组对项目完成情况进行评估。项目评估完成后，会为客户提供最终的研究报告，项目评估结果会影响到下一次项目选题的提出，并由此进入下一个以五年为一个周期的评审问责制度的循环（梁丽等，2016）。

同样，IFPRI 在所长办公室下设有专门的影响力评价单位，主要从三个方面实施对 IFPRI 战略目标实现情况的评估工作：第一，确定评估标准，主要评估已有的研究成果对国际和国家级层面政策决策制定过程的影响。第二，开发评估方法，注重在从研究项目开始到结束的不同阶段，不断开发具有实践指导性的、适合研究进行所在不同阶段特征的、更合理的评估方法。第三，发布评估成果，评估过程设立委托外部专家监督机制，内部和外部评审结果在 IFPRI 研究会中对所有员工公示，最终的评估成果以论文、简报、书籍或报告的形式在 IFPRI 官方网站公布。

4.4 中美农业智库建设的比较分析

4.4.1 数据和方法

美国是智库数量与质量均居世界第一的智库强国，因此本研究采取经验分析法作为研究依据，依据在全球范围内影响最广的宾夕法尼亚大学的《全球智库报告》，以及《中国智库名录》《美国新闻和世界报道》（USNEWS）世界大学排名榜单，根据国际知名度及其与中国农业科研机构合作交流情况，分别从独立型涉农智库、官方型涉农智库、科研机构型涉农智库和大学附属型涉农智库中，选择中美两国典型智库案例样本，对中美两国智库的行为进行分析。第一，对 WOS 和 CNKI 中的文献进行检索，以地址＝"智库机构名称"作为检索条件，时间跨度选择 2005—2015 年，得出各智库最近十五年发表的中、英文论文数目，分析其科研学术行为。第二，通过调查问卷和访谈的形式，分析中国农业智库的政策咨询行为；通过统计 CRS 引用智库专家观点情况，分析美国农业智库的政策咨询行为。第三，通过查询中美两国几大知名媒体对农业智库的报道情况，分析其社会舆论行为。第四，通过官方网站的统计调研和专家咨询，分析中美农业智库的合作交流行为。并且对不同类型的智库能力进行比较，从而揭示影响智库能力和功能的原因。数据下载时间为 2016 年 1 月 3 日，表 4-3 和表 4-4 描述了所选案例的基本情况和特征。

表 4 - 3　中国典型农业智库的主要特征描述

智库名称	智库类型	创立时间	员工数量	隶属机构
中国社会科学院农村发展研究所	科研机构型	1978 年	78 人	国务院；中共宣传部监督
中国科学院农业政策研究中心	科研机构型	1995 年	50 人	国务院；中共宣传部监督
中国农业科学院农业信息研究所	科研机构型	1957 年	319 人	农业农村部；中共宣传部监督
国务院发展研究中心农村经济研究部	官方型	—	12 人	国务院；中共宣传部监督
四川省农村发展研究中心	官方型	2004 年	38 人	四川省教育厅
中国农业大学农民问题研究所	大学附属型	1997 年	30 人	教育部
中国人民大学农村发展研究所	大学附属型	1984 年	12 人	教育部
华中师范大学中国农村研究院	大学附属型	2015 年	29 人	教育部
浙江大学农业现代化与农村发展研究中心大学附属型	大学附属型	1998 年	30 人	教育部
南京农业大学区域农业研究所	大学附属型	1996 年	20 人	教育部
苏州大学中国特色城镇化研究中心	大学附属型	1999 年	9 人	教育部

资料来源：各中国农业智库官方网站。

注：表格中"—"代表没有具体官方数据。

表 4 - 4　美国典型农业智库的主要特征描述

智库名称	智库类型	创立时间	员工数量	隶属机构
布鲁金斯学会 Brookings Institution	独立型	1927 年	270 人	独立
美国国家经济研究局 NBER	独立型	1920 年	研究人员多于 1 400 人，工作人员 45 人	独立
彼得森国际经济研究所 PIIE	独立型	1981 年	总员工 60 人（包括 20 名高级研究人员，12 名非常驻研究人员）	独立
卡托研究所 Cato Institute	独立型	1977 年	研究人员 116 人，工作人员 56 人	独立
美国农业部农业研究局 USDA-ARS	官方型	1953 年	总员工超过 8 500 人，其中研究人员 2 000 人，其他员工 6 000 人	美国农业部 USDA
农业与贸易政策研究所 IATP	独立型	1986 年	工作人员 29 人	独立
美国国家农业图书馆 USDA-NAL	官方型	1862 年	工作人员 73 人	美国农业部 USDA
康奈尔大学康奈尔国际粮食，农业和发展研究所 CIIFAD	大学附属型	1990 年	固定工作人员 8 人，研究人员若干	康奈尔大学

资料来源：各美国农业智库官方网站。

4.4.2 分析结果

4.4.2.1 成果产出

对农业智库的科研成果进行研究，能够探讨其科学研究的特征和趋势。由统计的发文量年代分布看，我国各农业智库的发文量总体呈逐年上升趋势，这体现了我国农业智库对科研活动的重视程度和学术水平的提高，也间接揭示了我国农业智库组织机构以及科研管理体制在逐步趋于成熟。对于个别年份出现的发文量下降趋势，可以理解为是短时间内的小幅度偶然变化，不会影响到未来长时间内的发文量总体上升趋势。

由于不同类型的农业智库自身功能定位不同，其科研产出情况也有所不同。与本国内其他类型智库相比，中国科研机构型农业智库的年度中文发文量最多，说明科研活动是其重要的智库行为。所选样本中，苏州大学中国特色城镇化研究中心和浙江大学农业现代化与农村发展研究中心的年均英文发文量超过了科研机构型农业智库的年均英文发文量，这与中国高校日益浓厚的学术氛围、丰富的专家智力资源、积极的科研项目激励制度密切相关。在CNKI数据库中没有查找到社会智库的发文情况，据调查，社会智库多将科研文章发在公众账号或媒体等，而且作者多为智库负责人，这说明社会型农业智库更加注重自身智库的宣传；但其科研产出多为发布在公众平台上的研究报告，在学术期刊上发表的科技文章比较少见，这可能与其智库机构自身战略定位有关，也可能与其人才结构大多由聘请挂职而非专职的专家构成有关。

与美国农业智库相比，中国农业智库的年度英文发文量和总英文发文量都比美国少很多，说明目前在世界范围内，中国农业智库的学术影响力与美国相比存在较大差距。通过对中美两国农业智库所发论文内容进行分析发现，美国更多地侧重于实例研究，数据分析量也比较大，取得了较多成果，值得我们借鉴。中国业界学者基本形成一种共识，肯定了智库建设对我国政府决策科学化的重要作用，但目前国内研究更多地停留在理论研究的层面上，进行实例分析和定量分析的比较少，采用的数据样本也比较小，多属跟踪研究和具体性、经验性的总结，这在中国智库建设研究初期是不可避免的现象，但同时也是目前中国在此研究领域面临的较大挑战。

同时，从我国农业智库的发展历程来看，农业智库建设的起源是辅助政府破解"三农"问题，促进国家农业现代化建设进程。例如，2015 年 12 月，农业部成立专家咨询委员会，汇聚了来自不同领域的高水平专家，其重点目标是解决"三农"问题，是直接面向国家服务的农业智囊团。对国内知名农业智库的研究领域进行分析可以发现，其大多是按照不同的农业领域问题设置的研究方向。例如，中国科学院农业政策研究中心根据研究领域的不同设有四个研究团队：资源环境政策、城乡协调发展和反贫困、农业科技政策、农产品政策分析和决策支持系统。在服务国家农业发展战略的同时，国家级农业智库还具有农业科技创新的功能作用，其研究重点不仅关注我国农业发展问题，也关注世界农业科技前沿问题。目前，在众多国内农业智库中，中国农业科学院农业信息研究所是国内为数不多的农业情报分析智库，它每年举办中国农业展望大会，发布全球农业研究发展态势分析报告，辅助国家进行农业科技发展布局，力争实现以战略科学咨询支持国家科学决策，以国家科学决策引领农业科学发展的战略目标，在国内外农业领域形成了较好的学术影响力。

4.4.2.2　研究选题

在对国内外农业智库的科研选题情况进行对比分析后发现，世界知名智库都将科研目标定位为解决全球性的问题，而我国智库仅将功能定位到为我国政府服务、推进我国经济发展进程，其实国家级农业智库目标应该具备保障农业安全、促进我国在世界范围内农业产业竞争地位提升、为解决世界农业问题贡献我国力量的高度。只有把眼光放到全球农业前沿，才能真正建成具有国际高影响力的农业智库。

以自然科学基金为例，按照时间倒序排序，2010 年以来中国社会科学院农村发展研究所承担的部分学术科研项目如表 4-5 所示，其中 2015 年和 2016 年没有查找到该所国家自然科学基金项目主持记录。

表 4-5　中国社会科学院农村发展研究所 2010—2017 年承担国家自然科学基金情况

序号	项目名称	主持人	项目金额	批准年份
1	中国耕地复种指数的时空变化及其社会经济影响因素研究——基于县级面板数据的实证分析	张海鹏	23 万	2014 年

（续）

序号	项目名称	主持人	项目金额	批准年份
2	城镇化背景下食品消费的演进路径研究	胡冰川	57 万	2013 年
3	农地确权对农地流转市场影响的实证研究——兼论农地流转市场的交易成本及其变化	郜亮亮	21 万	2012 年
4	基于质量安全的中国食品追溯体系供给主体纵向协作机制研究	韩杨	19 万	2011 年

资料来源：国家自然科学基金委网站项目信息查询系统（https：//isisn.nsfc.gov.cn/egrantindex/funcindex/prjsearch-list）。

注：数据检索时间为 2017 年 3 月 14 日。

　　从以上研究项目可以看出，我国农业智库的主要服务对象为我国政府，研究选题基本都限于国内问题，视野没有扩大到全球，同时科研选题的交叉性比较少，这也与国际知名智库存在着差距。兰德公司发布的 2016 年度报告指出：兰德公司的使命在于发现和扩展新知识，并将研究成果广泛传播到科学界和全人类社会，为全世界客户提供研究服务、系统分析和创新思想；其累计项目数量超过 1 700 个，且 2016 年较 2015 年相比，新增了 600 项新项目；逐渐多元是因为研究项目涉及广泛，能获取民间组织的收益，满足美国政府或特殊机构的咨询需求。表 4-6 展示了 2016 年兰德公司的重要研究项目成果及所属研究领域。

表 4-6　2016 年兰德公司的重要研究项目成果

编号	成果名称	研究领域
1	战略思考：动荡世界中的美国选择	国防
2	面对突发的核武装区域的敌人	国防
3	对抗俄罗斯的侵略	国防
4	军事补偿和退休制度改革	国防
5	受辱的美国武装部队	国防
6	对抗阿片类药物成瘾	健康
7	从覆盖到照顾	健康
8	加利福尼亚自杀预防工作的影响	健康
9	抗生素耐药性的惊人数字	健康

（续）

编号	成果名称	研究领域
10	食物沙漠中的一个超市绿洲	健康
11	中国更轻松的呼吸	健康
12	改善退伍军人的医疗保健	健康

资料来源：*2016 RAND Annual Report*。

4.4.2.3　咨询行为

虽然智库是由科研机构演化而来，但与普通科研机构不同的是，智库的主要服务对象是各级政府，研究目标是帮助政府制定公共决策。辅助农业公共政策决策行为是我国农业智库的核心行为，也是智库直接发挥作用与功能的有效途径。智库组织专家群体将专业知识转化为政策语言，通过与决策机构之间建立各种正式和非正式渠道，把对政策的分析、观点和主张传递给政策制定者。

学术成果或媒体活动可以通过公开的渠道获取相关信息，但是由于中国制定政策的过程是不透明的，大多数智库机构并不知怎样影响或是否影响了官方的政策制定，因此中国智库的辅助政府决策情况比较难以衡量。中国智库的政策咨询活动可以分为两个范畴：一是通过讲座或会议为政府提供政策建议，二是为政府提供政策咨询研究报告。

前国家主席胡锦涛就曾为国家高层领导制定了一系列学习班：几乎每一个月，都会邀请不同领域的知名学者为高级领导层做演讲报告，从农村发展讲到国家安全的具体政策，为中国政府提供决策参考（Abb，2015）。2010年11月19日，中国科学院农业政策研究中心召开了"面向2030年的中国农业经济发展"政策论坛，会上报告了课题组的主要研究成果，为我国农业可持续发展提出了科学的政策建议，来自农业部、商务部、国家粮食局、国家自然科学基金委、中国科学院、国际粮农组织（FAO）、世界银行（World Bank）、欧盟驻华代表团、各国驻华使馆、国内外大学和相关科研院所等37家单位的官员、学者近70人参加了会议。南京农业大学区域农业研究所举办的无锡市锡山区农林局中层干部培训班活动，建立了智库机构与政府官员之间的沟通交流渠道，通过讲座为政府提供了政策咨询建议。

智库机构产出的研究报告涉及的主题比较分散，因为通常都是政府需要解决某一问题才由智库提供当下紧急参考的信息，但智库机构只有对政府的某一决策问题进行长期的跟踪性的咨询建言服务，才能保障和验证政策咨询的质量，同时也保障智库的可持续性发展（Fraussen et al.，2017）。调查发现，基本每家智库机构都有临时性的政府咨询报告，但对政府进行定期报送的政策咨询报告却不是每家智库机构都有，这与其政策咨询能力有关，也与其是否具有跟政府之间的固定顺畅的政策报告报送渠道即固定的建言渠道有关。例如，中国农业科学院农业信息研究所定期向政府报送政策咨询报告《农业科技要闻》，浙江大学农业现代化与农村发展研究中心定期向政府报送政策咨询报告《决策参考》，这样的定期的政策咨询报告将政府需求与智库学术产出相结合，更好地起到了建言咨政的作用。

以中国社会科学院农村发展研究所为例，课题组采用问卷调查和见面约谈的方式，对了解其自身运作情况的智库的管理者或相关工作人员进行了调研，通过访谈得知，中国社会科学院农村发展研究所智库运营经费的主要来源是承担中国政府课题项目。2015 年研究所承接中国政府研究项目共 31 项，向党委政府及其职能部门报送内刊 16 次，研究成果被领导批示 16 次，承办会议及讲座 6 次，给政府工作人员培训和授课 3 次，研究人员中有 1 人进入党政机关重要部门工作，对政府有直接的政策建言渠道。

通过调研分析得知，国家级农业智库中的大学附属型大多隶属教育部，但由于大学的主要功能是教学和科研，学校也有相关政策鼓励和奖励提升教学和科研绩效，却没有关于政府政策咨询这方面的相关办法，因此除少数有影响力的领域专家外，大多高校员工都将精力放在教学和科研上，而非怎样影响政府决策上。

除了固定的行政渠道，个人地位、与官员的私人关系可以增加学者们的意见被政府听取的机会。例如，上海国际问题研究院院长杨洁勉与前外交部部长、现任国务委员杨洁篪的私人关系，无疑加强了中国学术界与政府之间的建言渠道关系（Abb，2015）。同时，与官员的关系过于密切，也会导致学者在学术界的地位降低，因为学术上的观点有时与政治观点是相分裂的。中国政府还会采取临时选调的形式，使得智库研究人员参与政府机构的政策制定过程，从而拓展智库与政府之间的交流渠道。

由于内部研究报告情况和讲座或培训情况数据难以获取，基于数据的可得性，中国国内有学者通过 CNKI 中国重要报纸全文数据库，收集农业智库在国内重要报纸中的出现条数，以此来衡量农业智库的政策影响力，从而分析中国农业智库的政策行为（陈升等，2015）。

而美国方面，美国国会听证会由来已久，凡是遇到国内外重大事件需要调查或者是初步拟定立法政策时，都有可能需要收集分析各方意见，听取当事人、相关方以及专家学者的证词（Roberts，2005）。例如，美国总统奥巴马在 2014 年的国情咨文中着重强调了缓解贫富分化的决心，美国国会参议院就此召开听证会，邀请学界和智库的精英，共同谋划一个解决收入不平等的良方。与以往的诸多类似听证会一样，此次请来的四位专家学者背景各自不同，却又十分平衡：两位倾向于自由派民主党，两位倾向于保守派共和党；两位来自大学，两位来自智库。

美国国会研究工作人员制定政策研究报告时，会引用 CRS 数据库中的文章。CRS 是美国国会下设的一个学术数据库，里面包含了美政府遴选的智库产出的研究报告，包含在此库中的智库报告就可以认定为是对美国政策有影响力的。由于智库专家参加国会听证会情况数据较难获取，故本章从 CRS 引用智库专家观点情况对美国智库政策影响力现状进行考察分析，检索策略为各农业智库的机构名，考虑到农业智库的特定领域性，只根据智库对农业领域的影响力，对检索结果进行农业领域学科精炼（表 4-7）。

表 4-7　美国典型农业智库报告被 CRS 引用情况

智库名称	CRS 引用农业领域报告次数	CRS 引用总次数
Brookings Institution	9	1 759
NBER	2	4 955
PIIE	5	337
Cato Institute	1	166
USDA-ARS	36	744
IATP	5	5
USDA-NAL	3	83
CIIFAD	1	1

资料来源：CRS 数据库。

由统计结果可以发现，布鲁金斯学会被政府引用报告次数最多，参加听证会记录数也是最多，其政策影响力最高，这与宾夕法尼亚大学麦甘教授得出的结论是相符合的。历史最悠久的布鲁金斯学会，虽然其机构规模并不庞大，但其产出的政策制定相关研究成果却极具影响力，面向布鲁金斯学会影响力运行机制的研究和分析，对我国农业智库的建设具有重要的启示意义。

美国智库发展的转折点大多在第二次世界大战结束后，现在美国农业智库发展相对成熟、建设经验比较丰富，是我国农业智库建设学习的对象。随着政府的重视，中国智库也进入了飞速发展的时期，但是通过查询2015—2017三年的全球智库报告，可以发现具有国际影响力的中国高端农业类智库仍很缺乏；在2015年中国高端智库试点名单中，也不见农业类智库的身影；同时，在2017年世界最具影响力政策报告排名中，无一具有政府决策影响力的中国智库政策报告成果入选，可见我国具有国际高影响力的农业智库十分缺乏。

根据对比分析发现，目前国内具有国际影响力的专业化智库较少，农业智库在全球发声还比较弱，与美国智库相比存在差距。农业智库建设是个长期的过程，现阶段出现了智库建设泛化的问题，使得农业智库建设缺乏顶层战略设计和明确合适的目标定位，同时也缺少长期性的战略研究类智库成果。农业智库的运行机制建设和研究团队人才建设等尚不完善，高质量思想产品较缺乏，且存在着智库成果与政策需求之间的信息不对称情况，农业智库建设发展需要寻求思路改革。

4.4.2.4 人才资源

美国农业智库的从业人员，通常都是具备高能力、跨学科的综合型人才。美国农业智库注重与政府、高校和社会各界长期保持交流关系，以维持并不断提升农业智库的竞争力。越来越多的智库知名专家进入政府担任要职，很多官员也会进入智库从事研究工作。这种特有的个人在智库机构和政府部门之间双向转换角色的机制被称作"旋转门"机制，其对美国智库的良性发展起到了积极的影响作用。例如，美国前国务卿亨利·基辛格、乔治·舒尔茨、詹姆斯·贝克、马德琳·奥尔布赖特，以及美国前总统国家安全事务助理兹比格涅夫·布热津斯基、康多莉扎·赖斯等，都在卸任后分别进入到布鲁金斯学会、对外关系协会、传统基金会、美国企业政策研究所等智库从事研究工作。2014年11月3日，美国国务院常务副国务卿威廉·约瑟夫·伯恩斯提出辞职，转而到卡内基国际和平基金会接任总裁职务（王莉丽，2010）。

以美国农业部农业研究局 USDA-ARS 为例，随着时间的推移和美国政府对其支持投入的增多，USDA-ARS 的规模日益壮大，USDA-ARS 目前拥有 2 000 名科学家和博士后，另外还有 6 000 多名其他管理和辅助员工，管理和辅助人员的数量超过了科研人员的数量。同时，USDA-ARS 将项目研究的规划和实施设计成一个参与性过程，认为需要从机构内外广泛的专业知识和经验中获得重要的资源投入。USDA-ARS 通过面对面的交流，收集来自政府、监管和行动机构、生产者和生产者团体、大学社区和非政府组织等外部合作对象的信息，并对这些合作伙伴的需求和优先问题进行获取分析，据此确定短期紧急项目和长期持续的研究项目，以解决国际范围内的和国家关注的重要问题。另外，USDA-ARS 通过与合作伙伴广泛沟通和协调，部署其在不同领域和区域的基础设施、资金和人力资源。

美国农业智库注重机构内部不同部门之间和部门内部的相互沟通和交流，人力资源部门会与科学研究部门主管合作，持续改进智库员工服务科研的工作方案。同时，人力资源部门也会定期与校内外相关人员交流，通过做客户满意度问卷调查来征询建议、了解问题，不断提高自身的管理和科研水平。美国农业智库都设有机构审查委员会，审查工作人员的日常工作，并提供改进建议。团队信念、客户导向、团队合作为农业智库人力资源管理体系的完善提供了保障，并确保了美国农业智库拥有一支训练有素、充分支持科研的员工队伍（梁丽等，2016）。

国内智库同样注重人力资源的建设和学术交流，并与国内外政府部门和同事保持密切的合作关系。中国科学院农业政策研究中心以培养学生、接受访问学者、外出讲学、建立政策研究网络等方式为贫困地区和西部地区的科研和教学机构培养人才。国务院发展研究中心农村经济研究室注重创新人才培养体制创新，加强中心内部培养和面向社会引进人才并重的竞争性选拔制度。

但我们也应认识到的是，以对中国农业科学院人才队伍建设情况进行统计分析的结果为例可以发现，农业相关学科之间的专家人才分布存在资源不均的情况。截至 2017 年 1 月，中国农业科学院全院有正式在编职工

7 066 人，全院高层次人才共计 247 人，占科研人员总数的 3.5%，通过统计这些高层次人才的专业领域可以发现，68.0% 的高层次人才集中在作物学科、资源与环境学科、畜牧学科、兽医学科 4 个学科集群，农经信息学科、质量与加工学科、农业工程学科，高层次人才数量各占 0.8%、3.6%、4.9%，可见这几个学科领域专家占比严重不足。对各位高层次人才从事的研究类型进行分析后，可以发现中国农业科学院高端人才从事应用研究、技术开发的占有 80.7%，而从事应用研究、技术开发的高层次人才只有 2.4%（另有 17.2% 从事基础研究和应用研究）。高层次的农业专家人才过于集中在基础研究，这与高水平政策咨询研究和重大战略科技创新的智库需求并不匹配。

4.4.2.5　成果宣传

为了传播其科研成果、扩大社会影响力，智库会通过大众媒体来影响社会舆论（王莉丽，2014）。通过全国报刊索引数据库提及中国国家级农业智库的条数，可以衡量分析中国农业智库的大众舆论情况，统计发现，媒体报道情况总体趋于上涨，但没有大幅度变化。

通过统计美国农业智库被媒体报道的情况可知，布鲁金斯学会和卡托研究所是被媒体提及次数最多的美国涉农类智库（表 4 - 8）。与官方智库相比，美国社会智库更加注重与媒体的沟通和联系，会通过各种途径来扩大自身的社会影响力。例如，布鲁金斯学会经常举办开放的研讨会，每次举办研讨会都会邀约媒体工作人员对其进行报道。另外智库官方网站的开放程度、推特等社交新媒体的活跃程度、被其他机构友情链接的数量等，也都是智库能够得以高频出现在媒体中的重要原因。智库发展历史的长短也是媒体报道次数多少的原因之一，例如 IATP 成立于 1986 年，是所选样本中成立最晚的智库组织，媒体对其报道量远远不及发展历史悠久的知名智库。

表 4 - 8　美国典型农业智库被媒体报道情况

智库/媒体名称	ABC	NBC	CBS	CNN	FOX	总报道量
Brookings Institution	0	6	1	1 376	1 124	2 507
NBER	0	3	0	45	21	69
PIIE	0	2	0	1	0	3
Cato Institute	0	4	9	214	1 899	2 126

（续）

智库/媒体名称	ABC	NBC	CBS	CNN	FOX	总报道量
USDA-ARS	0	11	0	17	0	28
IATP	0	1	0	0	0	1
USDA-NAL	0	4	0	13	0	17

资料来源：ABC、NBC、CBS、CNN、FOX 官方网站。

4.4.2.6 合作交流

机构的运转和项目的实施是一个参与性过程，需要广泛的经验和资金支持，只有加强与合作伙伴的交流沟通，才能确保公共资源的高效整合。通过对中国农业智库相关管理者的采访调研得知，科研机构和政府是目前中国农业智库最想合作交流的对象，其中官方型智库和科研机构型智库最想合作交流的对象是科研机构，大学附属型智库和社会型智库最想合作交流的对象是政府。

以中国科学院农业政策研究中心为例，其十分重视国际交流合作：每年举办 3～5 次各种国际学术会议或大型政策论坛；同世界上主要的国际组织和相关研究机构建立了长期、稳定和务实的合作关系；中心研究人员经常被邀参加有影响的国际学术会议并在会上做大会主题和专题报告。目前中心已同 20 多个国内学术机构、50 多个国际组织和研究机构开展了广泛的合作，以此为途径提升自身的国际学术水平和地位、培养和吸引国外人才。

美国智库的合作交流机制主要包括机构内部交流、机构外部交流和国际学术交流三个部分，合作交流的对象包括政府、媒体、学术机构、企业、民间组织、国际机构等。

（1）机构内部交流

美国农业智库内部大多是会员组织，农业智库会员通常包括政府高级官员、专家学者、媒体记者，这些会员遍及美国乃至世界各地。为了加强会员之间的内部交流，智库每年都会举办大型论坛活动，在这些论坛活动上，有来自美国相关权威部门的人士和各地学者参加。

（2）机构外部交流

为了提高对政府农业公共政策制定的影响力，美国农业智库注重与政府官员的密切联系。例如，USDA-ARS 与美国农业部国家食品和农业研究所

（NIFA）的国家相关项目负责人密切合作，从 NIFA 获得了大量资金支持，并联合制定了研究行动策略，对美国农业政策的制定产生了重要影响。又如，布鲁金斯学会每年都会举行大型论坛活动，经过世界各国政要、学者、新闻界人士的广泛参与和宣传，布鲁金斯学会最终成为美国通向世界的大门。

（3）国际学术交流

为了交流思想、学习先进经验、扩充资金支持来源，美国农业智库十分注重与国外智库机构的合作和交流。以与中国机构的合作为例，美国布鲁金斯学会于 2006 年在清华大学设立了"布鲁金斯-清华公共政策研究中心"，为中美两国学者在经济合作议题的研究上提供了便利。此外，美国兰德公司和美国哈佛大学曾分别与中国卫生部合作开展了"中国农村健康保险实验研究"和"中国农村卫生安全问题研究"等。部分美国农业智库与中国机构的合作交流情况见表 4-9。

表 4-9　部分美国农业智库与中国机构合作交流情况

美国农业智库名称	合作机构或交流计划数量	与中国建立合作交流关系的主要机构名录或计划
Brookings Institution	2	清华大学公共管理学院、中国社会科学院
NBER	1	北京大学中国经济研究中心
USDA-ARS	5	中国农业科学院、中国科学院、中国农业大学、南京农业大学经济管理学院、西北农林科技大学
IATP	3	中国农业科学院、中国人民大学农业与农村发展学院、南京农业大学
CIIFAD	1	康奈尔中国学者计划

资料来源：美国各农业智库官方网站。

通过对比发现，中国农业智库机构在国家政策的大力支持下，积极推进本领域新型智库事业建设，中国社会科学院农村发展研究所、国务院发展研究中心农村经济研究部等都是具有国际影响力的中国农业类智库，为中国政府的科学化、民主化决策起到了重要的推动作用。中美两国科研机构型智库的学术行为都比大学附属型智库活跃；布鲁金斯学会的科研学术行为和政策咨询行为在智库中最为活跃；与美国相比，中国智库的政策咨询行为的影响力存在较大差距；美国社会智库更加注重与媒体的沟通和联系，通过各种途径来扩大自身的合作交流网络。

由中美农业智库建设现状对比发现，目前我国智库建设在出成果、出人才等方面取得了一定成就，然而智库建设存在跟不上、不适应的问题。在文献总结和实地调研、中美对比的基础上，本研究认为我国农业智库建设中存在着具有国际高影响力的农业智库缺乏、关注科技创新领域的农业智库较少、农业政策分析学科专家人才较缺乏、研究选题较缺乏全球视野与交叉性、资源投入缺乏多元性与灵活性、缺乏农业智库成果质量评估标准、缺乏智库建设相关法律制度保障等问题。

4.5　本章小结

具有代表性的案例和可靠的数据是进行研究的前提，也是保证研究结论科学的基本要求。客观分析中国农业智库的建设现状并发现问题，是中国农业智库建设当前需首要考虑的。现有国外相关学术文献中关于不同专业类型智库的研究，较多集中在健康类智库的研究，而缺少对农业类智库的专门研究；国内关于农业智库方面的研究，大多从宏观角度探讨农业型智库建设的政策选择问题，进行实例分析和案例分析的比较少。因此，本章首先对全球智库建设现状和中国农业智库建设现状进行描述性分析，然后根据全球智库报告 2016 智库排名情况、2016 中国智库名录、2015 国家高端智库试点名单以及智库机构的国内外知名度，在文献分析和专家咨询的基础上，选择中美两国农业智库建设的典型案例进行对比分析，以从翔实的案例分析入手获得有参考价值的数据，进而分析中国农业智库建设的现状和存在的问题。

研究发现，全球智库数量逐步增长，美国、英国、中国、德国、印度的智库数量分别位居全球智库数量排名的前五名。随着我国政府对智库建设的注重和一系列智库建设办法意见出台，中国农业智库的数量也在逐渐增长，其类型构成丰富，规模适中，专家资源分配不均，地域分布多集中在北京、上海两地，呈现出区域差异性。同时，与美国等发达国家农业智库相比，现阶段中国农业智库建设存在具有国际高影响力的农业智库缺乏、关注科技创新领域的农业智库较少、农业政策分析学科专家人才较缺乏、研究选题缺乏全球视野与交叉性、资源投入缺乏多元化与灵活性、缺乏智库成果质量评估标准、缺乏相关法律制度保障等问题。本章从中美对比的视角，充分分析了中国农业智库建设的现状与问题，为下章中国国家级农业智库建设的影响因素研究提供了理论依据和数据来源，下一章节拟从本章得出的中美农业智库建设对比分析结论出发，深入分析中国国家级农业建设的影响因素。

第五章　中国国家级农业智库建设的影响因素研究

　　以往文献中关于农业智库方面的研究，大多从宏观角度探讨农业型智库建设的政策选择问题，而缺少对国家级农业智库影响因素的深入理论分析，导致研究结论各异，相关理论研究方法体系也仍有很大的改进空间。本章从上章分析得出的中国农业智库建设中的问题出发，根据上一章案例分析结论，首先基于管理学领域的沃纳菲尔特的资源基础理论和竞争力理论，借鉴波特钻石模型，并考虑中国国家级农业智库的自身特点，在已有研究成果的基础上，构建中国国家级农业智库建设影响因素模型。其次，以博弈论为研究理论基础，对高质量农业智库成果与政府支持、农业信息技术与农业领域选题、中国国家级农业智库竞争合作的博弈关系分别进行建模分析并求解，以从全新视角研究制约中国国家级农业智库建设的主要因素和矛盾。为下面章节的中国国家级农业智库框架的构建做好准备，并为中国国家级农业智库建设方案对策的提出与实施提供理论参考。

5.1　中国国家级农业智库的自身特征分析

　　智库不同于一般的学术研究机构和参考咨询机构，其与一般机构的服务对象、产出成果、运作机制不同，具备自身独有的咨政建言、理论创新等功能。同时，农业智库又因具备农业行业自身特征，而与一般类型的智库具有区别；中国国家级农业智库，除了智库通用的特征之外，还具有国家战略性、定位高端性、农业基础调研性和长期跟踪性、创新灵活性、国际视野性、农业弱质性和公益性特征。

5.1.1　国家战略性

　　智库建设客观存在着外在的政治法律环境、经济市场、社会文化环境和技术环境，从中国智库的发展历程来看，智库最早源于国家建设需要。中国是社会主义国家，与欧美西方国家政治体制不同。中国智库建设要求坚持中国立场，采用中国视角，聚焦中国问题，促进中国发展。所谓坚持中国立场，即是从中国的国家利益出发，为中国人民谋福祉；采用中国视角，即是用中国的意识形态或思想理论去看待和解决问题；聚焦中国问题，即是聚焦当前中国社会发生的迫切需要解决的现实重大问题；促进中国发展，即是要推动中国经济社会的发展。

5.1.2　定位高端性

　　一般来说，智库主要有两大方面功能：一是服务政府决策，为决策提供独立客观的科学依据和咨询建议。国家高端智库应主要发挥好服务国家宏观决策的作用。二是引领科技创新方向，从科学理念、科学方法、科学文化方面影响社会公众，推动社会进步。上章在对中国农业智库建设现状进行分析后得知，目前我国高质量智库缺乏。具体到国家级农业智库，中国国家级农业智库是要围绕国家层面重大战略需求，聚焦国家发展进程中亟须解决的重大和热点农业问题，汇聚高端农业智力资源，通过开展具备前瞻性、战略性与全球视野的农业领域科学研究，产出具有农业政策导向性的高质量农业智库成果，服务国家对农业发展重大战略决策的高水平咨询需求，推动解决国家农业重大科学技术创新。中国国家级农业智库的功能定位、选题方向、成果质量都应是高端的。

5.1.3　农业基础调研性和长期跟踪性

　　与其他专业类型不同，农业智库具备农业科研的公共性、基础性、长期性、社会性等与其他一般类型智库不同的特征。中国农业资源丰富，农业生产因不同地区的自然条件、社会经济技术条件和政府政策差别大而具有地域性特点；同时因为动植物的生长发育具有一定的规律，并受到随季节而变化的自然因素影响，农业生产同时具有季节性和周期性特点。由于农业政策的制定需要以农业生产的自身特征为出发，因此农业智库必须遵守突出农业专业特征原则，在制定建设方案和出台智库成果时，需要深入考虑到农业生产具有周期性、季节性、分散性和地域性等特点。中国国家级农业智库需要紧紧围绕解决农村农民问题的国家目标开展研究，将国家需要作为第一目的，长期深入农村、跟踪农村变迁，持续跟踪调查和专题调查，以第一手、客观的大数据为党和国家建言献策，用调查得到的事实和数据服务于国家决策。中国国家级农业智库的研究应注重农业基础数据的调研和长期跟踪。

5.1.4　创新灵活性

2015 年 12 月 1 日，国家高端智库建设试点工作会议在京召开。会议强调，着力建设一批国家亟须、特色鲜明、制度创新、引领发展的高端智库，推动我国智库建设实现新的发展，并且《国家高端智库管理办法（试行）》（以下简称《管理办法》）和《国家高端智库专项经费管理办法（试行)》（以下简称《专项经费管理办法》）在多方面实现突破和创新。《管理办法》对创新组织形式和管理方式做出制度化安排，提出建立内部治理机制、供需联系机制、信息共享机制、经费投入机制、国际合作与交流机制等五大机制。《专项经费管理办法》明确提出可开支人员聘用经费和奖励经费，各类经费开支均不设比例上限，按"负面清单"思路提出专项经费开支范围等。

中科院战略咨询院在咨询院的自身内部机构之间以及学部和战略咨询院之间建立了一种高效的互动交流机制，开展经常性的联动互动，加强学部研究支撑工作，促进与学部及院内各单位之间的沟通交流，广泛利用中科院各单位的资源，集中全院力量共同建设国家高水平科技智库。同时，战略咨询院围绕自身规划和定位制定人才需求发展规划，形成高水平人才的引进机制，并探索双向考评等评价机制。2017 年其与有关决策和宏观管理部门建立直接联系对接机制取得突破性进展，国务院研究室和中国科学院依托战略咨询院建立了中国创新战略和政策研究中心，能更好地服务国务院决策。中国国家级农业智库的成果形式、组织形式、管理方式、资源筹措等都应是创新灵活的。

5.1.5　国际视野性

在对国内外农业智库的功能定位进行对比分析时发现，世界知名智库都将目标定位为解决全球性的问题，而我国智库仅将功能定位到为我国政府服务、推进我国经济发展进程，其实国家级农业智库建设的目标定位，应该在为国家农业发展战略决策服务的同时，提高到保障农业安全、促进我国在世界范围内农业产业竞争地位提升、为解决世界农业问题贡献我国力量的高度。只有把眼光放到全球，才能真正建成具有国际高影响力的农业智库。中国国家级农业智库需要在辅助我国政府解决农业领域重大问题的同时，助力我国在国际社会赢取话语权，提高我国在世界农业中的地位，引领中国农业智库发展，积极影响国际社会舆论，助力我国在国际社会赢取话语权，提高我国在世界农业中的地位，并与世界著名智库机构携手构建人类命运共同体，共同推进全球的农业事业发展，建成在世界范围内具有影响力和知名度的高水平农业智库机构。

5.1.6　农业弱质性和公益性

农业生产的基本特点决定了农业是一个弱势产业，在美国这样高度发达的现代化国家，政府每年都要通过各种方式对农产品实行巨额补贴，以保证其在世界粮食市场中的竞争优势。农业科研服务于农业这样一个弱势产业，而其本身又具有长期性、连续性和难控制性等特点，因此从根本上决定了农业科研的公益性特征。美国、日本和法国等发达国家都将农业科研机构作为政府公共服务部门，主要由国家财政予以稳定支持。在中国这样一个人多地少且将长期处于社会主义初级阶段的农业大国，农业科研的公益性地位就更加突出。

5.2　影响因素遴选与影响因素模型构建

5.2.1　基于案例分析的影响因素遴选

根据对国内外典型智库建设案例的研究，其建设的主要影响因素包括政治、经济、文化、技术等外部因素，以及专家人才、资金来源、网络平台、成果质量等内部因素。通过专家访谈得知，在诸多因素中，成果质量和政府需求对智库的影响更为深刻。政府需求决定了思想市场的规模、供给渠道和市场的多样性。没有政府决策的需求，不可能创造出一个多样化、大规模的、严肃的思想市场。市场经济环境影响着智库运转的融资方式，充足多元的资金来源是智库得以良性发展的重要保障。文化因素则作为一种非正式制度存在，对组织的发展与成长起着重要的影响作用，只有在宽松和进步的社会文化环境下，各级政府以及智库组织自身才能意识到发展农业智库的重要性。农业智库的发展很大程度上依赖于农业技术和信息技术的科技进步，近些年随着计算机和信息技术的迅猛发展和普及应用，农业应用所产生的数据呈爆炸性增长，大数据技术通过对海量数据的快速收集与挖掘、及时研判与共享，成为支持社会治理科学决策和准确预判的有力手段，为社会治理创新带来了数据条件和技术机遇。

从美国农业部农业研究局的建设经验上来讲，国家级农业智库建设的影响因素主要有合作交流、资源投入、影响力、成果质量等。美国农业部农业研究局认为，农业研究并不是任何公共或私人实体的独占领域，农业研究的开展需要在农民、生产者、牧场主和行业利益相关者的广泛合作中得以顺利进行。其将项目研究的规划和实施设计成一个参与性过程，认为需要从机构内外广泛的专业知识和经验中获得重要的资源投入。并且为了提高对政府公共政策制定的影响力，美国农业部农业研究局十分注重与国内外政府官员的密切联系。从兰德公司的建设经验上来讲，选题方向、专家人才、成立历史、资金来源、智库产品、宣传推广、协同合作是影响其智库建设的关键因素。全球食物政策研究所则认为促进智库建设计划实施的关键主要有四点：科学研究、宣传推广、合作优化、能力增强。其战略发展主线可以提取为：从设立战略目标到实践行动（合作、宣传、能力增强），从实践行动再到实现战略目标。从英国查塔姆社、日本国际问题研究所、韩国发展研究院，以及食品、农业和自然资源政策分析网络等其他知名智库的建设经验中，可以总结出影响国家级农业智库建设的因素有资源投入、成果质量、机构改革、制度完善、合作交流、资金来源、宣传推广、科研能力、与政府官员的密切联系、言论自由等。

5.2.2 基于文献梳理的影响因素遴选

5.2.2.1 智库建设影响因素相关文献梳理

考虑到研究文献中智库、思想库、智囊团、脑库等智库相关词汇的使用情况，本研究在所有文献种类的检索中分别包含了这四个不同的词汇，在中国知网 CNKI 知识发现网络平台上进行相关文献检索。综合分析文章的被引频次、下载次数以及主题内容相关度后，我们人工剔除了部分内容不明确的文献，结合部分已有研究专著中关于智库建设影响因素的分析，得到了相关重要文献 17 篇，如表 5-1 所示。

表 5-1 智库建设影响因素文献整理

序号	文章名称	智库类型	作者	发表期刊或著作及其发表时间	因素
1	基于典型智库实践的智库产品质量控制与影响因素研究	典型智库	宋忠惠	图书与情报，2017 年 2 月	政府支持、资源要素、外部环境、政治因素、团队水平、社会环境
2	智库国际化的影响因素及相关性研究	国际化智库	任福兵 李玲玲	现代情报，2017 年 9 月	资源要素、政策支持、外部环境、影响力、竞争力、成果质量、社会环境、政治因素、政府需求
3	中国特色新型智库建设的影响因素及启示	中国特色新型智库	宋悦华	人力资源管理，2015 年 5 月	政府支持、社会环境、资源要素、外部环境、资金来源、专家人才、政治因素、竞争力、成果质量
4	中国民间智库影响力决定因素的案例研究	民间智库	李文静 马奔	广州大学学报，2016 年 6 月	资源要素、影响力、学术交流、智库成果、竞争力、成果质量、社会环境、政治因素、政府需求
5	英美外交政策中的智库因素及其对中国智库发展的启示	外交智库	成军刚	燕山大学，2014 年	政府支持、资源要素、培训机制、外部环境、影响力、竞争力、社会环境、政治因素、政府需求

（续）

序号	文章名称	智库类型	作者	发表期刊或著作及其发表时间	因素
6	高校图书馆智库建设中的影响因素研究	图书馆智库	于新国	福建图书馆理论与实践，2016年6月	政府支持、专家人才、资源要素、影响力、资金来源、外部环境、研究方向、政策支持、智库成果、创新品格、竞争力、创新能力、独立性、政策报告
7	中美智库的外部环境因素对比研究	中美智库	夏春海　王力	前沿，2013年1月	政府支持、外部环境、资源要素、竞争力、智库成果、成果质量、政府需求、独立性、政策报告
8	科技智库影响力基本要素模型研究	科技智库	王桂侠　万劲波	科研管理，2016年12月	政府支持、资源要素、外部环境、竞争力、影响力、资金来源、政策支持、成果质量、智库成果、体制机制、创新意识、学术水平、专家人才、创新能力
9	我国智库建设及其对政府决策影响研究	中国智库	程媛媛	燕山大学，2016年	政府支持、竞争力、资源要素、创新能力、沟通能力、影响力、政策支持、智库成果、成果质量、学术水平、机遇、体制机制
10	美国智库发展的内外驱动力	美国智库	夏春海　王力	国外社会科学，2012年5月	政府支持、资源要素、影响力、成果质量、岗位培训、专家人才、政府需求、独立性、政策报告
11	社会智库成果传播能力及影响机理分析	社会智库	钟曼丽　杨宝强	情报杂志，2017年12月	政府支持、智库成果、领导能力、创新意识、内部环境、资源要素、社会环境、独立性、政策报告
12	试论领军人物对于中国特色新型智库建设的重要性	中国特色新型智库	胡海滨	智库理论与实践，2017年2月	政府支持、资源要素、学术水平、资金来源、智库成果、合作能力、社会环境、独立性、政策报告
13	地方智库的构成要素和竞争力研究	地方智库	徐晓虎	南京航空航天大学，2014	政府支持、资源要素、合作能力、资金来源、智库成果、创新能力

（续）

序号	文章名称	智库类型	作者	发表期刊或著作及其发表时间	因素
14	中国智库应具备七个要素	中国智库	张希敏	政治法制，2009年4月	政府支持、资源要素、智库成果、合作意识、成果质量、合作能力、政治因素、学术水平
15	人才队伍建设是国土资源新型智库建设的关键	国土资源新型智库	朱红 荣冬梅	中国国土资源经济，2017年2月	政府支持、学习能力、资源要素、创新能力；成果质量、合作能力、机遇、体制机制、专家人才、智库成果、政治因素、学术水平
16	美国智库的核心竞争力分析	美国智库	王莉丽	智库理论与实践，2017年3月	政府支持、资源要素、学习与创新、专业知识、工作动机；激励机制：绩效工资、专家人才、授权程度、智库成果、体制机制
17	为智库对外发声创造良好的国内环境	中国智库	沈国麟	对外传播，2015年4月	政府支持、资源要素、智库成果、政策支持、合作能力、体制机制

除去领导能力、授权程度、岗位培训等出现单次的主题词，对以上智库建设影响因素相关文献研究中影响因素出现的相关高频词的频次进行统计，具体结果如表5-2。

表5-2 智库建设影响因素相关高频词出现频次统计

高频词	频次	高频词	频次	高频词	频次
资源要素	15	智库成果	11	社会环境	6
政府支持	14	成果质量	9	政治因素	6
竞争力	8	影响力	7	政府需求	5
外部环境	7	专家人才	6	独立性	5
资金来源	5	政策支持	5	政策报告	5
体制机制	4	合作能力	4	学术水平	4
机遇	2	创新能力	3		

通过对文章内容进行分析后发现，国内多位学者对智库发展的影响因素给出了概念，做出了分析。在众多影响智库建设的影响因素中，资源要素、

政府支持、智库成果、成果质量、竞争力、外部环境、影响力因素被各位专家学者提及得较多，其次是资金来源、体制机制、机遇、专家人才、政策支持、合作能力、创新能力、社会环境、政治因素、政府需求、独立性、政策报告、学术水平影响因素。

通过对国外文献分析后发现，国外学者普遍强调没有政治倾向的智库会获得公众信任，更具有舆论竞争力（Rich，2000）。Bennett（2011）指出智库影响公共政策制定的要素包括：宽松的外部政策环境、智库机构的所有权和地位、机构内部的管理制度和资助来源渠道等。宾夕法尼亚大学教授麦甘指出，影响智库建设的主要因素有国家的政治体制、言论环境、经济程度、文化氛围、大学数量、研究的独立性等。可见，国外学术界将是否具有独立性作为智库竞争力的重要影响因素，并将独立性、公平性、科学性、影响程度等作为智库是否具有竞争力的衡量要素。

5.2.2.2　国家级智库建设影响因素相关文献梳理

为了深度遴选具有针对性的文献，提高其对本研究的指导意义，我们在检索分析智库建设影响因素的基础上，以"国家级智库"为主题词进行检索，发现相关文献有 28 篇，考虑到本研究的指导意义，又深入检索主题词为"高端智库"的文献 424 篇。由于国家高端智库试点政策是 2015 年 10 月提出的，因此文章被遴选精炼为 2016 年和 2017 年区间的相关文献共 269 篇，综合分析文章的被引频次、下载次数以及主题内容相关度，人工剔除了部分内容不明确的文献，得到了国家级智库建设影响因素相关重要文献 13 篇，如表 5-3 所示。

表 5-3　国家级智库建设影响因素文献整理

序号	文章名称	智库类型	作者	发表期刊或著作及其发表时间	因素
1	以体制机制改革支撑国家高端智库建设	国家高端智库	李雪	经济师，2017年1月	研究选题、科研组织、人才管理、管理体制、运行机制、研究成果、高端人才
2	高校智库学术共同体建设路径研究——基于6所国家高端高校智库建设经验的分析	高校高端智库	房莹	智库理论与实践，2017年10月	学术权力、人才培养、学科融合

（续）

序号	文章名称	智库类型	作者	发表期刊或著作及其发表时间	因素
3	美国高校高端智库建设有何成功经验	高校高端智库	黄海波	人民论坛，2017年10月	制度改革、机制创新、组织机构、成果推广、人力资源、社会关系、资金投入、功能定位、战略研究、舆论宣传
4	高端智库如何应用新媒体精准传递中国声音	中国高端智库	宋琍琍	新闻研究导刊，2017年8月	政策支持、话语权、研究成果、媒体宣传、传播能力
5	国家高端智库微信公众号的运营策略优化	国家高端智库	李彩霞	广东技术师范学院学报，2017年6月	新媒体、影响力、运营策略、选题策略、网络平台
6	国家高端智库——中国工程院	国家高端智库	中国工程学院	中国工程科学，2017年2月	科技创新、战略咨询能力、社会影响力、国际知名度
7	中国高端智库最新分析报告	中国高端智库	曾菡	决策与信息，2017年6月	传播力度、官网平台、研究选题、传播渠道、影响力、研究成果
8	高端智库建设大家谈	中国高端智库	杜悦英	中国发展观察，2016年12月	政府支持、资源要素、外部环境、竞争力、影响力、资金来源、政策支持、成果质量、智库成果、体制机制、创新意识、学术水平、专家人才、创新能力
9	推进国家高端智库建设的路径	国家高端智库	陶平生	学习时报，2015年5月	人才建设、国际交流合作、研究领域、信息化建设、机制创新
10	强调特色、重视人才：欧美高端智库建设经验	欧美高端智库	周德禄	山东社会科学院，2017年10月	人才资源、高端人才、研究平台、组织形式、管理方式、可持续发展、角色定位、影响力
11	努力建设研究实力强运行机制活成果质量高决策影响大的国家高端智库	国家高端智库	丁全利	中国国土资源报，2017年3月	成果质量、决策影响、管理制度、研究能力、决策咨询能力、人才建设、激励机制、持续发展

（续）

序号	文章名称	智库类型	作者	发表期刊或著作及其发表时间	因素
12	建设中国特色高端智库的着力点	中国高端智库	徐鹏程	学习时报，2017年8月	影响力、经费来源、独立性、国际化、人才资源、组织设置、研究领域、研究实力、信息化应用、管理机制、媒体平台
13	国家级智库的特质与转型期中国智库的建设路径	国家级智库	杜贵宝	扬州大学学报，2015年3月	时代需求、协同创新、资源整合、人才储备、顶层设计、本土研究、治理结构、成果质量

除去话语权、学术权力、订阅量等出现单次的主题词，对以上文献研究中出现的国家级农业智库建设影响因素的高频词的频次进行统计，具体如表 5-4。

表 5-4　国家级智库建设影响因素相关高频词出现频次统计

高频词	频次	高频词	频次	高频词	频次
决策咨询	16	智库成果	12	研究选题	7
国家战略	15	成果质量	10	知名度	5
战略咨询	12	影响力	9	农业数据	5
战略性	10	高端人才	7	跟踪性	2
前瞻性	8	新媒体	3	基础性	2
综合性	4	微信公众号	3	长期性	2
学术引领	2	官方网站	3		

通过对文章内容进行分析后发现，国内一些学者对国家级智库发展、高端智库发展的影响因素做出了分析。在众多影响因素中决策咨询、国家战略、战略咨询、智库成果、战略性、成果质量、影响力、前瞻性、高端人才、研究选题因素被各位专家学者提及较多，其次是知名度、农业数据、综合性、新媒体、微信公众号、官网网站、学术引领、跟踪性、基础性、长期性影响因素。可见在智库研究基础上，国家级智库多注重对国家战略的定位。

5.2.2.3 农业智库建设影响因素相关文献梳理

为了深度遴选具有针对性的文献，突出农业专业特征，提高其对本研究的指导意义，在分别检索分析智库、国家级智库、高端智库建设影响因素的基础上，我们以"国家级农业智库"为主题词，在 CNKI 网络平台上进行相关文献检索，发现 2010—2017 年有相关文献 1 篇；以"农业智库"为主题词的文献有 38 篇。综合分析文章的被引频次、下载次数以及主题内容相关度后，我们人工剔除了部分内容不明确的文献，得到了农业智库建设影响因素相关重要文献 8 篇，如表 5-5 所示。

表 5-5 农业智库建设影响因素文献整理

序号	文章名称	智库类型	作者	发表期刊或著作及其发表时间	因素
1	顶天立地：引跑中国农村发展高端智库	农业高端智库	邓大才	中国高等教育，2016 年 8 月	国家目标、调查报告、国家决策、持续跟踪、农业数据、平台建设、团队建设
2	农业部组建高端智库——专家咨询委员会	农业高端智库	陈丽娜	农村工作通讯，2016 年 1 月	社会文化、咨询能力、专家资源、弱质性
3	中国国家级农业智库能力体系构成及其制度保障	国家农业智库	梁丽 张学福	农业展望，2017 年 9 月	参考咨询能力、决策服务能力、学术创新能力、合作交流能力、资源投入、弱质性、制度保障
4	美国农业智库组织结构、运作机制及启示	美国农业智库	梁丽 张学福	中国农村经济，2016 年 6 月	参考咨询能力、决策服务能力、学术创新能力、合作交流能力、资源投入、制度保障
5	国际知名智库的组织体系、运行机制及对中国农业智库建设的启示	农业智库	朱海波 聂凤英	世界农业，2017 年 12 月	组织体系、运行机制、资金来源、国际合作、学科交叉、人才机制、管理效率、偶然因素
6	即将关门的农业智库	农业智库	许宝健	中国经济时报，2014 年 10 月	政府需求、外部环境、资金来源、可持续发展

（续）

序号	文章名称	智库类型	作者	发表期刊或著作及其发表时间	因素
7	中美农业智库行为比较研究	农业智库	梁丽　张学福	情报杂志，2016年10月	参考咨询能力、决策服务能力、学术创新能力、合作交流能力、资源投入、制度保障
8	建立和完善农业新型智库	农业新型智库	焦平　萧少秋	农村工作通讯，2016年8月	政策支持、成果质量、智库成果、体制机制、创新意识、学术水平、专家人才、创新能力

对以上文献研究中出现的农业智库建设影响因素的高频词的频次进行统计，具体如表5-6。

表5-6　农业智库建设影响因素相关高频词出现频次统计

高频词	频次	高频词	频次	高频词	频次
政府支持	8	政府需求	8	弱质性	2
外部环境	8	农业数据	6	基础性	2
参考咨询	6	平台建设	5	长期性	2
农业决策	6	制度保障	4		
科学研究	5	国际合作	3		
专家资源	4	影响力	3		
研究选题	4	知名度	3		

通过对文章内容进行分析后发现，国内一些学者对农业发展的影响因素做出了分析。在众多影响因素中政府支持、外部环境、政府需求、参考咨询、农业决策、农业数据因素被各位专家学者提及较多，其次是科学研究、平台建设、专家资源、研究选题、制度保障、国际合作、影响力、知名度、弱质性、基础性、长期性影响因素。可见在智库研究基础上，农业智库多强调自身的农业生产特征。

5.2.3　基于专家咨询的影响因素遴选

我们采用邮件咨询的形式，将遴选的影响因素发给北京地区农业类知名科研机构如中国社会科学院农村发展研究所、中国农业科学院农业信息研究所、中国农业大学农学院等的五名专家，让其对每一个影响因素进行评价，有意见的在"不同意"后进行标注，并注明其意见或理由，没有意见的则在"同意"后进行标注。

专家建议：①对影响因素的描述不能过于笼统，需要进一步细化，例如专家人才，应该划分为农业领域专家人才、政策分析领域专家人才、管理辅助人员，使影响因素更加具体。②影响因素不够详细，农业智库与一般智库有区别，应考虑农业生产特点，加入农业技术、农业数据库等方面影响因素的考察，这些都要考虑全面。③国家级农业智库定位高端，对国家级农业智库影响因素的考察，应该考虑进国家需求对其的重要影响，即影响因素应能充分体现国家级农业智库机构对我国政府农业发展战略决策服务的能力。④影响因素应该是体现问题所在根本矛盾的，例如应该将经费来源而不是将经费数量作为影响因素。⑤媒体合作影响因素与纸质媒体和网络媒体等影响因素相重复，农业数据库、农业专家库、农业机构库、农业智库成果库等影响因素部分重复，可以进行合并，建议用农业数据信息资源，更能清晰描述其对国家级农业智库建设的影响。

通过分析整理访谈专家的意见，发现专家反馈回的意见中大都提到了影响因素的描述不能笼统，要进一步细化，要能够客观体现对中国国家级农业智库建设的根本影响。因此我们调整丰富了遴选的影响因素，结合专家反馈意见，添加了国家农业发展战略需求要素、农业信息技术要素等重要的影响因素；并从描述准确性角度考虑，将专家人才数量、经费来源等定性描绘的影响因素，修正描述为专家人才资源、农业数据信息、运转资金来源、合作交流资源等资源要素，这也为我们未来进一步研究中国国家级农业智库评价体系的搭建，做好了一定的指标遴选准备，为未来研究中国国家级农业智库的评估做好了基础准备。

5.2.4 影响因素模型构建

依据文献分析和词频统计结果，结合上一章节典型案例分析结论，基于管理学领域的沃纳菲尔特的资源基础理论和竞争力理论（Wernerfelt，1984），在借鉴波特的"钻石模型"（又称"竞争力模型"）基础上，并考虑进中国国家级农业智库的自身特点，在已有研究成果的基础上，构建中国国家级农业智库建设影响因素模型。我们认为主要影响因素有：国家需求，政府行为，资源要素，农业信息技术，同业竞争，机遇（偶然）因素（图 5-1）。

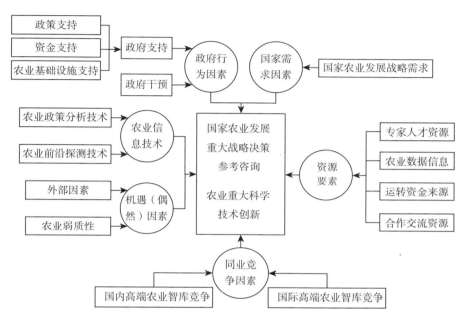

图 5-1　中国国家级农业智库建设影响因素模型

5.2.4.1　国家需求

智库的服务主体是政府，我国政府也多次强调科学化决策需要智库的智力支撑，可因为决策咨询机制的不完善、信息不对称等原因，造成了政府需求与专家知识之间存在壁垒。一方面智库机构难以深入获取到政府的需求，另一方面政府无法寻找到所需要的智库智力支撑。

当前政府在多大程度上愿意聆听智库的声音，这是一个值得深思的问题，智库只有准确地获取到政府的需求，以政府需求为中心，才能有针对性地选择课题进行研究，使成果具有政策影响力，真正发挥智库的智囊团作用。例如，美国传统基金会（the Heritage Foundation）自 2016 年开始，专门以特朗普作为研究焦点展开研究。华尔街杂志报道称，特朗普一直明显依赖美国传统基金会等保守派智库。从特朗普上任后，传统基金会的思想产物几乎遍布了特朗普的经济议程直至最高法院提名，传统基金会与特朗普之间的合作也代表了美国保守派智库服务政府需求的回归（Kelly，2016）。早在1981年，美国传统基金会就承接政府的任务，曾经出版过含有2 000个政策建议的报告纲要，涵盖联邦政府的几乎每一个方面。在罗纳德·里根执政的第一年，美国政府采纳了60%的委托给美国传统基金会的咨询任务结果，从税收到导弹防御，涉及美国政府制定政策的方方面面（Shephard et al.，2017）。

由于本书的研究框架将国家级农业智库定位于以影响中央政府和党委的公共决策为目的的科研机构及组织，因此这里的需求因素只指政府对国家级农业智库的需求，而不考虑企业或个人对国家级农业智库的需求。政府进行治国理政，需要集中各方面智慧、凝聚最广泛力量，国家改革发展任务越是艰巨繁重，越需要强大的智力支持，政府对智库需要的增加，是促进国家级农业智库发展的重要因素。同时，智库想要生存发展，必须分析政府的需要，以政府需求为中心，使政府满意，在获取政府需求的同时，也应注意监测政府的实时需求、挖掘和预测政府的潜在需求、通过科学研究激发政府的未来需求。

5.2.4.2 政府行为

影响国家级农业智库的外部政治法律环境要素、市场经济环境要素、社会文化环境要素和技术环境要素，都与政府行为息息相关。而且，国外智库发展的历史经验表明，政府的态度直接影响国家级农业智库的发展。政府既是智库政策的制定者又是智库发展的监督者。政府对公共政策决策制度的认知和认可程度直接影响相关政策的制定和法律法规的健全，直接影响智库的发展环境。政府与国家级农业智库发展之间存在交互促进作用。

从各国农业智库的发展实践来看，农业智库发展的方向与本国政府提供的政治法律环境息息相关。美国政府对农业智库实行税收减免政策，为保证研究的独立性，美国政府还同时控制对智库的资金支持比例，使其资金来源多元化，这些政府支持政策给农业智库的发展提供了良好的政策环境，为农业智库的发展提供政策支持。近年来我国政府对智库建设的重视程度逐渐提高，提供了智库建设的良好氛围，而且提高资金支持力度，实施国家高端智库试点工作，提高智库研究的课题资助比例，这些都为农业智库的发展实践提供了有效的指导和支持。

5.2.4.3 资源要素

根据前面章节中国际知名智库案例分析和我国国家级农业智库建设的实践现状分析得到的结论，结合对国内中国社会科学院农村发展研究所、国务院发展研究中心农村经济研究部、中国农业科学院农业信息研究所等多家知名农业智库机构调研专家咨询访谈结果，参考以往专家学者研究智库文献中提出的智库构成要素观点，以我国国务院发布的《意见》为智库建设工作指导，依据管理学领域的沃纳菲尔特的资源基础理论（Wernerfelt，1984），并且考虑到农业智库的专业特征，本书认为中国国家级农业智库应该具备外部资源和内部资源两大部分。

中国国家级农业智库的外部资源是指对智库建设有影响但是智库自身不能完全掌控的所有社会因素和环境因素的集合。内部资源要素主要有：专家人才资源；数据信息资源；分析工具资源；运转资金资源；研究成果资源；合作交流资源；智库平台资源。其中专家人才资源包括农业领域专家、信息分析领域专家、政策分析领域专家、管理和辅助人员；数据信息资源包括农业智库数据库、农业智库专家库、农业智库机构库、农业智库成果库；分析工具资源包括农业舆情监测系统、农业政策仿真系统、农业政策跟踪系统、农业政策评估系统等；运转资金资源包括政府拨款、企业合作、个人捐款、自营创收等；研究成果资源包括具有农业政策导向的研究项目、论文、专著、研究报告、政策简报、会议报告、会议 PPT、博客文章等；合作交流资源包括其他智库、政府、企业、媒体、社会组织、农户、国外相关机构等；智库平台资源包括农业智库网络平台、农业智库微信公众账号等。

5.2.4.4 农业信息技术

农业智库的发展很大程度上依赖于农业技术和信息技术的科技进步。通过对国内外知名智库的建设经验进行分析得知，几乎每一家成功的智库机构，都具有自己独创的分析方法和工具。例如兰德公司一直致力于研究方法和分析技术的创新，著名的头脑风暴方法就是兰德公司创建并且积极倡导的；还有 2017 年被评为中国最受尊敬企业的知名参考咨询公司麦肯锡公司，其创立了战略咨询研究工具——逻辑树分析方法。国内方面，中国社会科学院农村发展研究所的农业政策分析工具资源主要有农业舆情监测系统、农业政策仿真系统、农业政策跟踪系统和农业政策评估系统。随着计算机和信息技术的迅猛发展和普及应用，农业行业应用所产生的数据呈爆炸性增长，大数据环境下的农业数据与政策分析技术是中国国家级农业智库建设的关键影响因素。

5.2.4.5　同业竞争

同业竞争主要指国家级农业智库的农业内部结构和竞争对手。其中，农业结构是指社会农业智库内部行为之间的比例关系，这往往决定了一家智库机构的行为将有多少比例主要用于政府建言。例如对我国国家级农业智库进行案例分析时发现，国务院发展研究中心农村经济研究部更加注重与媒体的联系，社会舆论行为所占行为比例比较多；中国科学院农业政策研究中心近年来的中文发文量在逐年下降，但同样媒体对其的报道数量在逐渐增多，社会舆论行为比例同样在增加。当中国政府决定追求本国碳定价的主动权时候，澳大利亚气候研究所帮助中国政府制定了碳定价方案模板，这无疑增加了我国国家级农业智库与国际优秀农业智库之间的竞争。又如，随着我国政府"国家高端智库试点单位"的发布，国内智库机构之间竞争也日益加重。

5.2.4.6　机遇（偶然）因素

机遇是可遇而不可求的，机遇（偶然）因素可以影响其他因素发生变化。对机构组织的发展而言，形成机遇因素的可能情况大致有几种：基础科学科技的发明创造；传统科技技术出现的断层现象；外部因素导致的生产成本突然之间的提高；市场需求的剧增；政府的重大决策；战争等。对于农业来说，农业的偶然因素是指因为台风、地震、海啸、水旱等自然气候灾害，"冷夏""暖冬""暴雨""冰雹"等气候突变，以及发生战争、不可抗力引发的突发性工业污染、环境污染、政局变化动荡、政策突然变化等因素。农业是弱质产业，是国民经济的薄弱环节，近年来随着全球的气候变化，我国自然灾害现象呈现多发频发的态势，暴露出我国农业基础设施尤其是水利基础设施薄弱的问题，农业靠天吃饭的局面尚未得到根本改观（国家统计局农村社会经济调查司，2015）。

5.3　中国国家级农业智库建设影响因素的博弈分析

5.3.1　博弈论及其适用性分析

博弈论是数学运筹中的一个支系，是一门用严谨的数学模型研究冲突对抗条件下最优决策问题的理论，它通过对不同集体或个人相互之间存在的互动关系、策略选择、竞争对抗情况下的决策选择进行研究，为个人或组织集体的正确决策提供参照指导。

一个博弈问题的组成要素通常包括：①博弈方。在一个博弈过程中，每一个具有独立决策权的参与者构成一个博弈方，两个博弈方的博弈叫作"双方博弈"，多于两个博弈相关方的博弈称为"多方博弈"。②策略。在一局博弈中，每个局中人都有实际可行的完整的行动方案选择，被称为这个局中人的一个策略。如果在一个博弈中局中人都总共有有限个策略，则称为"有限博弈"，否则称为"无限博弈"。③得益。对应于博弈相关方的每一组可能决策的战略选择，都应有一个最终结果表示在该策略选择下各个博弈方的所得，即博弈方的得益。④信息。利益是博弈的目的，策略是获得利益的手段，而信息就是制定策略的依据。要想制定出战胜对方的策略，就要获得更全面的信息。⑤均衡。博弈均衡是指使博弈各方实现各自认为的最大化效用。所谓纳什均衡策略是一个策略的组合，是指在其他参与人选择一定的条件下，每一个参与人都选择获得最大支付的策略（张维迎，1994）。

从博弈论角度来说，中国国家级农业智库建设受阻可以看作是主要参与方博弈的结果，基于此，本节以博弈论为研究理论基础，对上节分析出来的中国国家级农业智库建设的主要影响因素中的相关行为主体的主要关系——高质量农业智库成果与政府支持、农业智库成果总产出与企业技术支撑、中国国家级农业智库机构间竞争合作的博弈关系，分别进行建模分析并求解，以求从一个全新的视角，研究制约中国国家级农业智库建设的主要因素和矛盾，为中国国家级农业智库建设方案对策的提出与实施做好准备，从根本上解决中国国家级农业智库建设中面临的实际问题。在中国国家级农业智库建设过程中，每一家国家级农业智库机构都希望充分发挥国家级农业智库功能，在竞争中胜出。由于外部环境的不确定性，资源配置和能力水平限制等因素约束了国家级农业智库目标的实现。同时，这些局限条件也为国家级农业智库建设及其评估的策略选择提供了广阔的空间。由于国家级农业智库建设过程满足博弈五要素，因此可以用博弈论作为理论基础，根据本章上节构建的影响因素模型，做以研究假设。

对中国国家级农业智库建设的影响因素问题进行分析后，本书博弈分析做了如下假设。

假设1：政府行为可以支持中国国家级农业智库建设，有利于促进中国国家级农业智库建设进程。

假设2：参与到中国国家级农业智库建设竞争中的有多个国家级农业智库机构，每个国家级农业智库机构提供的智库成果质量高低不一，国家级农业智库机构知道自身发布的智库成果的真实质量，但是政府并不知道各国家级农业智库机构成果的真实质量，只知道国家级农业智库成果的平均质量。

假设3：国家级农业智库建设过程中存在着国家级农业智库机构与政府之间、国家级农业智库与国家级农业智库之间的信息不对称情况。

假设4：国家级农业智库机构的合作行为可以支持中国国家级农业智库建设，有利于促进中国国家级农业智库建设进程。

假设5：国家级农业智库机构为风险嫌恶者，在面临合作决策时会构建风险防范机制以避免可能的合作损失。

假设6：国家级农业智库机构是理性的参与方，将利益最大化作为合作目标，但这种理性是部分的，合作过程中存在着不确定性。

5.3.2 高质量农业智库成果与政府支持的博弈分析

5.3.2.1 博弈模型构建

前面章节的分析中，我们得知国家级农业智库建设过程中存在着智库机构与政府之间、智库与智库之间的信息不对称情况，而根据我国智库的演变历史和国外知名智库的发展历史来看，智库建设又是个长期的发展过程。因此智库机构与政府之间的博弈问题可以看作是一个不完全信息动态博弈问题，我们借鉴1970年阿克劳夫创建的旧车市场模型（lemons model）分析思想，进行模型构建。

假设参与到中国国家级农业智库建设竞争中的有多个国家级农业智库机构，每个智库机构提供的智库成果质量高低不一，国家级农业智库机构知道自身发布的智库成果的真实质量，但是政府并不知道各国家级农业智库机构成果的真实质量，只知道国家级农业智库成果的平均质量。国家级农业智库机构选择对政府机构提供高质量的智库成果或低质量的智库成果，政府选择接受国家级农业智库成果或选择不采纳国家级农业智库成果，因此政府的两种行为策略集为（采纳，不采纳），智库机构的两种策略集为（高质量，低质量）。

为了方便表述，设定国家级农业智库机构知道自身发布智库成果的质量（qualification）为 q，其对自身智库成果质量的评价为 $U(q)$，政府 g（government）不知道 q，但知道国家级农业智库成果的平均质量，即 q 的分布函数 $f(q)$，其对国家级农业智库成果质量的评价为 $V(q)$，如果政府选择采纳国家级农业智库成果，进行资金支持 F（fund），政府机构的效用为 $\pi_g = V(q) - F$，智库机构的效用为 $\pi_t = F - U(q)$，其中 $\frac{\delta V}{\delta Q} > 0$。反之，如果政府选择不采纳国家级农业智库成果，则政府和国家级农业智库机构双方的效用为零（表 5－7）。

表 5－7　政府机构支持中国国家级农业智库的博弈收益矩阵

	国家级农业智库成果高质量	国家级农业智库成果低质量
政府采纳	$\pi_g = V(q) - F$，$\pi_t = F - U(q)$	$\pi_g = V(q) - F$，$\pi_t = F - U(q)$
政府不采纳	0，0	0，0

5.3.2.2　博弈模型求解

为使模型符合实际情况，考虑下列约束条件：当政府选择接受国家级农业智库提供的成果时，国家级农业智库机构从提供高质量成果中获得的收益应该是大于提供低质量成果获得的收益的，否则国家级农业智库机构将失去继续为政府机构提供高质量成果的动力。假定国家级农业智库成果质量 q 在 [100，500] 区间上均匀分布，分布函数 $f(q) = 1/(500-100) = 1/400$，即政府对国家级农业智库成果的预期质量为 $\bar{q} = 400$，愿意进行的财政支持也是 400，此时，$q < 400$ 的国家级农业智库机构愿意提供成果，$q > 400$ 的国家级农业智库机构选择退出竞争。结果，参与竞争的国家级农业智库成果平均质量由 400 下降为 300，政府机构愿意支付的资金支持也由 400 下降为 300，如此持续进行动态博弈，直到最低质量的国家级农业智库成果被政府所采纳，即均衡质量为 100，双方竞争的纳什均衡为（支持，低质量），显然这种选择是低效率的。

如果我们使用需求曲线表示上述的纳什均衡求解过程，此时需求曲线为 $F=\bar{q}$，供给曲线为：

$$q=\frac{\dfrac{1}{400}\displaystyle\int_{200}^{F}pdq}{\dfrac{1}{400}\displaystyle\int_{200}^{F}dq}=\frac{F}{2}\oplus100(q\in[100,500])$$

由上述供给曲线可知，国家级农业智库成果的平均质量随着政府资金支持的增多而提高，但平均质量上升的幅度小于资金支持上升的幅度，因为均衡代表着政府的资金支持等于国家级农业智库成果的平均质量。

5.3.2.3 博弈模型修正

通过对文中建立的政府与国家级农业智库机构博弈模型的求解，可以发现双方竞争的纳什均衡为（支持，低质量），这种选择是低效率的，那有没有办法对模型进行修正，促进政府对高质量国家级农业智库成果的采纳呢？我们依然借鉴阿克劳夫创建的旧车市场模型中的分析假设，即交易之所以发生，是因为买者对同一物品的评价高于卖者。如果我们假定政府机构对国家级农业智库成果的评价高于智库机构自身对智库成果的评价，那么高质量国家级农业智库成果被采纳的情况就会出现。假定 $V(q)=bq>U(q)(b\geqslant1)$，如果国家级农业智库成果被政府采纳，则政府的效用为 $\pi_g=bq-F$，国家级农业智库机构的效用为 $\pi_t=F-q$，如果国家级农业智库成果不被政府采纳，则双方的效用均等于零。

当政府对国家级农业智库成果的评价高于国家级农业智库机构自身对智库成果的评价时，即在原有政府与国家级农业智库博弈的收益矩阵中限定条件 $V(q)>U(q)$ 时，博弈中的供给曲线为 $\bar{q}(F)=100+F/2$，需求曲线为 $F(\bar{q})=b\bar{q}$，达到纳什均衡的政府资金支持为 $F=200b/(2-b)(b\leqslant1.5)$，均衡质量为 $\bar{q}=\min\{200/(2-b),400\}$，均衡资金支持和均衡成果质量都是 b 的增函数。也就是说，政府与国家级农业智库的评价差距越大，均衡价格就越高，高质量国家级农业智库成果被接受的就越多，如果当 $b=1.5$ 时，所有的高质量国家级农业智库成果都被政府采纳，平均质量为 $\bar{q}=400$，均衡资金支持为 $F=400b=600$，修正后模型的供给曲线与需求曲线情况如图 5-2 所示。

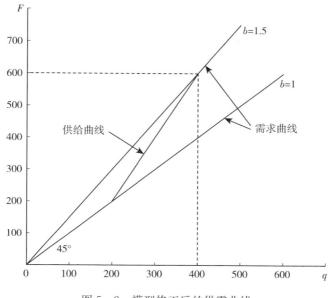

图 5-2　模型修正后的供需曲线

5.3.2.4　仿真模拟实验

　　通过博弈模型的分析，我们知道了只有当政府对国家级农业智库成果评价高于智库机构对自身成果的评价时，政府才能接受国家级农业智库的成果，使智库功能能得以充分发挥。我们进一步想知道怎样做才能达到政府机构评价大于国家级农业智库机构自身评价的效果，因此根据以上博弈分析结果以及 5.2 中建立的影响因素模型，我们依据系统动力学理论和计算机模拟仿真，分析和考察国家级农业智库建设影响因素之间的相互关系（图 5-3）。

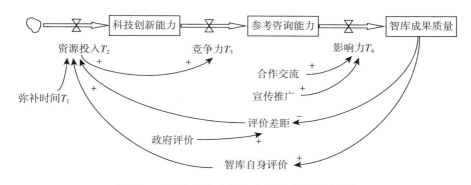

图 5-3　国家级农业智库建设影响因素动态流

在动态流图中，带有箭头的线段表示两个不同因素之间的相互因果关系，带有正号（＋）指向的因果关系线段，表示箭头所指向的变量随着箭头源头变量的数量提高而增加；带有负号（－）指向的因果关系线段，表示变量之间存在着相反的影响关系。其中，评价差距指政府机构对国家级农业智库成果的评价与智库机构对自身成果评价之间的差距。从建设的影响因素动态流图中可以看出，当国家级农业智库机构通过资源投入与能力建设，提高自身的科技创新能力和参考咨询能力时，智库成果质量提高，智库机构对自身评价随之提高；当国家级农业智库机构同相关机构之间加强合作交流与舆论宣传时，国家级农业智库成果的影响力和竞争力提高，政府对国家级农业智库机构的评价也随之提高。只有对内加强自身国家级农业智库成果的质量评估，对外加强成果的宣传，才能达到政府对国家级农业智库成果评价高于智库机构对自身评价的结果，进而真正将国家级农业智库建设起来。

通过动态流图分析，较好地解释了中国国家级农业智库建设主要因素之间的相关关系，在此基础上，我们通过 MATLAB 模拟环境，利用计算机仿真模拟，借鉴谷丽（2000）提出的资源管理系统结构方程式，对影响因素的动态关系进行模拟仿真与实验验证。在 MATLAB 模拟环境中，K 表示当前时间，J 表示前一时间，符号"'"表示一阶导数，DT 为时间间隔，T_1 为弥补评价差距的所需时间，T_2 为资源投入量，T_3 为竞争力水平，T_4 为影响力水平。根据对影响因素相关性关系的分析，设立具体变量与函数关系为：

评价差距＝政府对国家级农业智库成果评价－国家级农业智库机构自身
对智库成果评价

国家级农业智库成果质量$\times K$＝国家级农业智库成果质量$\times J$＋$(T_2$＋
T_3＋$T_4)\times DT$

资源配置效率＝评价差距$/T_1$＋预计能力损失率

国家级农业智库成果质量$'$＝资源配置效率－当前质量损失率＝评价差
距$/T_1$＋预计能力损失率－当前质量损失率

国家级农业智库竞争力＝科技创新能力＋参考咨询能力＋合作交流能力
＋影响力（合作交流能力＋宣传推广能力）$\times$
资源配置效率

资源配置效率是指在一定的能力水平条件下各投入资源要素所产生的评价效益，其内涵是国家级农业智库活动使用资源投入的效率。质量损失是指国家级农业智库机构在运行和管理过程中，由于国家级农业智库成果的质量问题而导致的资金支持减少等有形损失和影响力下降等无形损失。能力损失是指国家级农业智库机构在运行和管理过程中，由于国家级农业智库成果的质量问题而导致的合作交流资源损失和合作交流能力受损等。

研究弥补评价差距的所需时间（T_1）对国家级农业智库成果质量的影响。假设模拟时间范围为 5 年，初始值 $T_2 = T_3 = T_4 = DT = 1$（量纲为月），从模拟仿真图 5 - 4 中可以看出，在弥补评价差距初期，当 $T_1 = 20$，其余参数不变，国家级农业智库成果质量值随着 T_1 的提高而提高，这说明弥补评价差距所用的时间越长，国家级农业智库成果质量提高程度越多。国家级农业智库与政府之间会形成一个良性循环的发展态势，国家级农业智库的组织结构优化、组织规模扩大、专家比例提高，国家级农业智库成果质量提高，竞争力得到快速提升。当 $T_1 = 40$，其余参数不变，弥补差距中期的国家级农业智库成果质量峰值随着时间变化趋于稳定，说明随着弥补差距时间的加长，资金投入逐渐增加，专家数量逐渐增多，科技创新能力与参考咨询能力稳步提高，国家级农业智库成果质量随之提高。这一阶段国家级农业智库内部治理结构合理，与政府的建言渠道通顺，产出成果质量稳步提高，保持持续的竞争力，组织生命力旺盛。当 $T = 50$，其余参数不变，与 $T_1 = 40$ 阶段成果质量相当，说明随着弥补差距时间的加长，资金投入和专家数量等资源投入趋于稳定，国家级农业智库成果质量随之趋于稳步缓慢增长。以上模拟仿真结果与实际逻辑相符合，能够说明影响因素流图模型成立。

资源投入量（T_2）、竞争力水平（T_3）、影响力水平（T_4）对国家级农业智库成果质量的模拟仿真影响与 T_1 仿真结果相似，三个变量对国家级农业智库成果质量均存在正相关的影响（图 5 - 5）。其中可以看出 T_3 竞争力水平对国家级农业智库成果质量影响最大，这也说明了能力建设和影响力建设对国家级农业智库成果的影响要大于资源投入对国家级农业智库成果的影响，模拟仿真结果与实际逻辑相符合，能够说明影响因素流图模型成立。

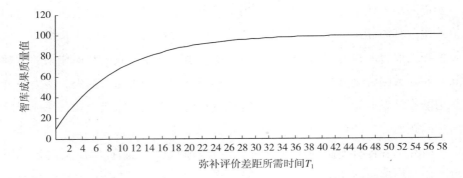

图 5-4　T_1 对国家级农业智库成果质量影响的仿真结果

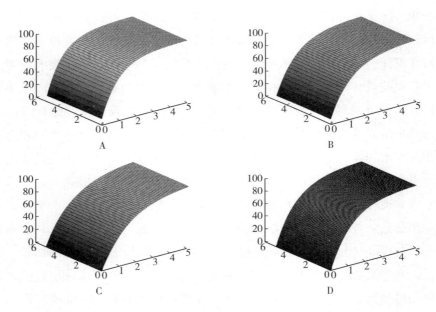

图 5-5　T_1—T_4 对智库成果质量影响的仿真结果

A. T_1 对智库成果质量影响的仿真结果　　B. T_2 对智库成果质量影响的仿真结果

C. T_3 对智库成果质量影响的仿真结果　　D. T_4 对智库成果质量影响的仿真结果

　　因此，国家级农业智库机构需要通过资源投入与能力建设，提高自身的科技创新能力和参考咨询能力，促进国家级农业智库成果质量提高。同时国家级农业智库机构应当加强同相关机构之间的加强合作交流与舆论宣传，使得国家级农业智库成果的影响力和竞争力提高，让政府对国家级农业智库机构的评价也随之提高。只有对内加强自身国家级农业智库成果的质量评估，对外加强成果的宣传，才能达到政府对国家级农业智库成果评价高于国家级农业智库机构对自身评价的结果，从而真正将国家级农业智库建设起来。从博弈论角度来说，加强国家级农业智库机构的人才管理、合作渠道、资金来源等，不但是保障国家级农业智库机构自身能力建设的切实保障，也都是在不完全信息情况下，向政府传递自身能力的信号。

5.3.3 农业智库成果总产出与技术支撑的博弈分析

5.3.3.1 博弈模型构建

从前面的分析中我们得知，中国国家级农业智库的发展很大程度上依赖于农业技术和信息技术的科技进步创新，并且，通过分析得知，国家级农业智库建设过程中存在着关注科技创新领域的农业智库较少、农业发展战略研究类智库成果较少的问题。同时，企业是中国国家级农业智库合作交流资源中的重要组成部分，因此此节，我们对国家级农业智库农业领域选题与企业技术支撑的博弈关系问题进行研究，借鉴 1970 年阿克劳夫创建的旧车市场模型分析思想，进行模型构建。

假设市场容量是有限的，国家级农业智库机构选择向政府机构提供政策研究类智库成果或科技研究类智库成果，企业选择用农业政策分析技术或农业前沿探测技术进行研究支撑。因此国家级农业智库机构的两种策略集为（农业政策研究，农业科技研究），企业农业信息技术支撑的两种行为选择策略集为（农业政策分析技术，农业前沿探测技术）。

为了方便表述，设定国家级农业智库机构发布的智库成果的总数量（quantity）为 Q，其中政策研究类成果数量为 q_1，科技研究类研究成果数量为 q_2，$Q = q_1 + q_2$，应用技术支撑成果投入的总成本（cost）为 C，应用农业政策分析技术和农业前沿探测技术投入的成本分别为 c_1、c_2，$C = c_1 + c_2$（图 5-8）。国家级农业智库机构提供政府机构智库成果的总收益为 $R = R(Q)$，则产出两种不同类型成果的收益分别为：$r_1 = q_1 P(R) - c_1 q_1 - C_1$，$r_2 = q_2 P(R) - c_2 q_2 - C_2$，并且 $r_1 = q_1 (a - \sum_{n-1}^{n} q_1) - c_1 q_1$，$r_2 = q_2 (a - \sum_{n-1}^{n} q_2) - c_2 q_2$。由公式可以看出，收益 r_1 不仅取决于成果数量 q_1 和技术投入成本 c_1，还通过总收益取决于产量 q_2 和技术成本投入 c_2 的决策。

表5-8　农业信息技术支撑中国国家级农业智库研究的博弈收益矩阵

	农业政策研究	农业科技研究
农业政策分析技术	c_1，q_1	c_1，q_2
农业前沿探测技术	c_2，q_1	c_2，q_2

求解农业信息技术支撑中国国家级农业智库研究的纳什均衡。令$\dfrac{\partial u_1}{\partial q_1} =$

$(a-c_1)-q_1-2q_1=0$，$\dfrac{\partial u_2}{\partial q_2}=(a-c_2)-q_2-2q_2=0$，则有：

$$\begin{bmatrix} \max\limits_{q_1}(q_1 p(R)-c_1 q_1-c_1) \\ \max\limits_{q_2}(q_2 p(R)-c_2 q_2-c_2) \end{bmatrix}$$

解得该博弈均衡解是个最大值问题，即：（政策研究，科技研究）是该博弈的纳什均衡。如果$a=10$，$c_1=c_2=2$，$q_1=q_2=2$，则根据公式：$r_1=r_2=2\times(10-4)-2\times2=6$，$R=12$。

5.3.3.3　博弈模型修正

通常情况下，参与中国国家级农业智库建设中的其中一家智库机构进行研究类型选择时，不会知道其他竞争对手的研究类型选择情况和全体的智库成果总产出情况，因此企业选择农业信息技术进行研究成果的支撑决策通常是由智库专家的研究偏好决定的。农业信息技术支撑中国国家级农业智库研究的收益也是此消彼长的，农业信息技术支撑中国国家级农业智库研究的效果很难达到利益最大化。然而，如果根据整个智库产业条件，先行求出实现中国国家级农业智库成果收益最大的总产量，情况则如图5-6所示。

设总产量为Q，仍旧使用上节分析使用的设定数据，则可以求得成果总收益$R=P(Q)-cQ=Q(10-Q)-2Q=6Q-Q2=16$。将此结果与应用农业信息技术进行不同类型研究的独立决策情况进行对比，追求利益最大化的决策选择，要比分别追求各自研究成果类型最大值时的总产量变小，而总收益却更高。也就是说，在选择农业信息技术进行智库成果类型支撑时，如果首先考虑农业信息技术支撑中国国家级农业智库研究带来的总收益，均衡不同农业信息技术的使用成本投入，均衡农业政策研究与农业科学研究成果数量，而不是随专家偏好来选择研究类型和应用技术，能达到较好效果的博弈均衡。

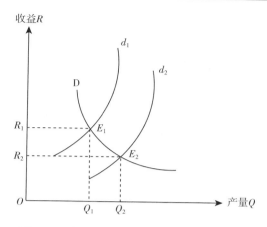

图 5-6 考虑成果收益的产量收益关系曲线

5.3.4 中国国家级农业智库间竞合关系的博弈分析

5.3.4.1 博弈模型构建

通过广泛的案例分析和前文构建的影响因素模型,我们得知,同业竞争是影响中国国家级农业智库建设的重要因素,同时不同的高端智库机构,也是中国国家级农业智库建设所需要的合作资源,怎样处理同业竞合关系,是中国国家级农业智库建设需要分析的重要问题。依据完全契约理论,不同组织间的竞争合作策略包括"合作""竞争""竞争合作"三种策略,策略集分别为(合作,竞争);(竞争,竞争合作);(合作,竞争合作),假设机构 A 选择其中一种策略的概率为 x,那么选择其他策略的概率为 $1-x$;机构 B 选择其中一种策略的概率为 y,选择其他策略的概率为 $1-y$。对两家机构的支付函数按照不同的策略集分别设定函数。

当机构 A 选择策略集中一种策略的期待收益为 $U_1 = y(a_2 + b_2) + (1-y)(a_2 + b_2)$,则选择另一策略的期待收益为 $U_2 = y(a_2 + c_2) + (1-y)(a_2 + b_2)$,平均收益为 $U = XU_1 + (1-x)U_2$。依据演化博弈论的最优反应动态和复制动态理论,依据演化博弈论的最优反应动态和复制动态理论,推导出复制动态方程 $\dfrac{\mathrm{d}x}{\mathrm{d}t} = x(1-x)[f_2 - b_2 + (c_2 - f_2)y]$,将不同策略集下的均衡点代入方程求解,进行局部稳定性分析,能够得到(竞争合作,竞争合作)是以上策略组合的进化演化稳定策略。随着农业科技的不断进步,在中国国家级农业智库建设进程中，竞争合作是最优策略，合作共赢才是不同国家级农业智库间博弈的最高境界。

在寻求双方共赢过程中，应该促进合作，防止因搭便车等行为出现的不合作现象。从博弈论角度来说，参与合作交流的主体都希望在合作过程中获得利益最大化，因此合作交流个体之间的合作行为与博弈行为都十分复杂，甚至会出现一方在合作交流中选择不作为的情况，从而导致合作资源流失、合作交流活动终止的现象。特别是面对国际合作时，农业智库机构既缺乏经验，又难觅机会，中国国家级农业智库与国外机构的合作交流在享有资源和机会共享的同时，也承受着政策不稳、海外资产等多重不确定因素带来的各类风险。博弈论中的完全契约理论主要是研究道德风险问题和逆向选择问题，因为国家级农业智库建设是个长期的博弈过程，故我们假设国家级农业智库机构都是理性的博弈方，关于合作问题的策略集为（合作，不合作）。

为了方便表述，首先假定国家级农业智库机构之间的合作是双方的单次静态博弈，设定国家级农业智库机构 A 同国家级农业智库机构 B 进行合作获得的收益为 R_A，同时国家级农业智库机构 A 同国家级农业智库机构 B 进行合作需要付出的成本为 C_A，那么国家级农业智库机构 A 通过与 B 进行合作获得的净收益为 R_A-C_A；同样，国家级农业智库机构 B 同国家级农业智库机构 A 进行合作获得的收益为 R_B，同时国家级农业智库机构 B 同国家级农业智库机构 A 进行合作需要付出的成本为 C_B，那么国家级农业智库机构 B 通过与 A 进行合作获得的净收益为 R_B-C_B。如果国家级农业智库机构 A 和 B 同时选择合作策略，则双方各自获得净收益 R_B-C_B；如果国家级农业智库机构 A 选择合作，国家级农业智库机构 B 选择不合作，则国家级农业智库 A 的效用为 $-C_A$，国家级农业智库 B 的效用为 R_B+C_B，反之亦然；如果双方都选择不合作策略，则双方的效用为零（表 5-9）。

表 5-9　中国国家级农业智库间合作风险的博弈收益矩阵

	国家级农业智库 A 合作	国家级农业智库 A 不合作
国家级农业智库 B 合作	R_A-C_A，R_B-C_B	R_A+C_A，$-C_B$
国家级农业智库 B 不合作	$-C_A$，R_B+C_B	0，0

5.3.4.2　博弈模型求解

为使模型符合实际情况，考虑下列约束条件：参与博弈的国家级农业智库机构都是理性的经济人，都以利益最大化为目标。假定 $R_A = 10$，$C_A = 5$，根据我们建立的合作博弈模型，如果国家级农业智库机构 A 和国家级农业智库机构 B 同时选择合作策略，则双方各自获得净收益 $R_B - C_B$ 为 5；如果国家级农业智库机构 A 选择合作，国家级农业智库机构 B 选择不合作，则国家级农业智库机构 A 的效用 $-C_A$ 为 -5，国家级农业智库机构 B 的效用 $R_B + C_B$ 为 15，反之亦然；如果双方都选择不合作策略，则双方的效用为 0。根据模型的约束条件，可求得纳什均衡结果为（不合作，不合作），这个结果是在单个国家级农业智库机构利益选择下的结果，但却并不利于整体的国家级农业智库系统建设。以上结果是基于双方单次博弈的结果，根据有限次重复博弈定理（张维迎，1994），只要博弈的重复是有限次数的，重复本身并不会改变阶段博弈的均衡结果。

5.3.4.3　博弈模型修正

通过对文中建立的国家级农业智库与国家级农业智库机构博弈模型的求解，发现双方竞争的纳什均衡为（不合作，不合作），显然这种选择是低效率的，考虑到选择合作的得益小于选择不合作的得益，本书依据契约关系理论引入合作风险防控机制。契约理论是博弈论的应用，完全契约理论主要是研究信息不对称条件下的道德风险问题和逆向选择问题，对合作交流行为进行监督管理，通过严格劣势策略消除法，探究（合作，合作）策略的纳什均衡能否出现。假设对积极参与合作、提供合作资源进行奖励 E 为 5，不参与合作进行惩罚 P 为 -5，如果双方都选择合作，则双方各自获得净收益为 10；如果一方合作，另一方不合作，则选择共享方的效用由 -5 变为 0，不共享方效用由 15 变为 10；双方都选择不合作的各自效用为 -3。可见在引入合作交流奖惩机制后，国家级农业智库机构间博弈的纳什均衡出现了变化，在利益的驱动下，（合作，合作）就成了最优策略组合，引入合作风险防控机制后的国家级农业智库与国家级农业智库博弈收益矩阵如表 5 - 10 所示，其中 $E > 0$，$P < 0$。

表 5-10   引入合作风险防控机制的中国国家级农业智库间
合作风险的博弈收益矩阵

	国家级农业智库 A 合作	国家级农业智库 A 不合作
国家级农业智库 B 合作	R_A-C_A+E, R_B-C_B+E	R_A+C_A+P, $-C_B+E$
国家级农业智库 B 不合作	$-C_A+E$, R_B+C_B+P	P, P

上述引入合作风险防控机制的国家级农业智库与国家级农业智库博弈的收益矩阵建立主要是基于研究信息不对称条件下的完全契约理论。2016 年诺贝尔经济学奖获得者哈佛大学教授奥利弗·哈特（Olive Hart）和麻省理工学院教授本特·霍姆朗特朗（Bengt Holmstrom）在完全契约理论基础上深入提出了不完全契约理论（contract theory）。不完全契约理论又称为所有权控制理论，该理论的分析框架主要是：以合约的不完全性为研究起点，分析机构治理内部对控制权的配置及其对信息获得的影响。不完全契约理论认为，由于信息的不完全性及合作事项的不确定性，不完全契约是必然和经常存在的，剩余权利的拥有对资源配置影响重要。因此我们继续上面模型的博弈分析，深入探讨不完全契约中的剩余控制权问题。

现在假设在 T_1 时期国家级农业智库机构 A 和国家级农业智库机构 B 建立合作交流关系，合作后的总体收益为 $R(i)$，A 和 B 各自收益为 r_1 和 r_2。在对国家级农业智库机构与国家级农业智库机构的博弈分析中可知，如果政府选取低质量国家级农业智库成果，对政府机构和高竞争力的国家级农业智库机构双方都是损失，因此国家级农业智库机构会通过合作交流、宣传推广的方式提高自身影响力，争取政府的资金和政策支持，只要保证国家级农业智库机构拥有政府支持的正利润，在 T_1 时间就会发生合作交流行为。至于合作交流后产生的各自利润 r_1 和 r_2 的大小，则取决于合作交流双方的谈判力。如果假设合作交流机构 A 和 B 双方都存在其他竞争者，两者合作交流博弈的均衡结果就会是"事后双边垄断"，即契约经济理论中得出的双方谈判力相等，对利润分配结果相同，合作机构 A 与合作机构 B 的收益为：$r_1=r_2=q-i-p=R(i)/2-i$，r_2 取决于 i。国家级农业智库机构 A 为了使利润最大化，在合作交流行为前期决定其合作交流投入水平，其最大化的一阶导数条件为 $\text{Max}R(i)/2i$，令 $d/di[R(i)/2-i]=0$，得 $R'(i)=2$。由此可以得知，即使纳入合作风险防控机制，合作交流能够进行，但如果存在合作交流资源投入不足的情况，将导致整个合作交流过程效率的低下，并减少合作交流总收益，及合作交流机构 A 和 B 各自的利润量。

想解决不完全契约条件引起的资源投入不足和合作交流效率的降低，根据不完全契约理论，需要考虑对市场中的合作交流主体进行合并，合并的方式可以是机构 A 支付机构 B 报酬将机构 B 的成果买入，或是让 B 成为 A 的一个专门生产国家级农业智库成果中间产品的一个部门，这样 A 就在合作交流中占据了剩余控制权，从而使 A 通过直接监督 B 的合作交流资源投入的方式，避免资源投入水平不足和智库成果质量不可证实的问题，A 与 B 的关系反过来亦是如此道理。

5.4　本章小结

以往文献中关于农业智库方面的研究，大多从宏观角度探讨农业型智库建设的政策选择问题，而缺少对国家级农业智库影响因素的深入理论分析，导致研究结论各异，相关理论研究方法体系也仍有很大的改进空间。本章从上章分析得出的中国农业智库建设中的问题出发，根据上一章案例分析结论，首先基于管理学领域的沃纳菲尔特的资源基础理论和竞争力理论，借鉴波特钻石模型，并考虑中国国家级农业智库的自身特点，在已有研究成果的基础上，构建中国国家级农业智库建设影响因素模型。其次，以博弈论为研究理论基础，对高质量农业智库成果与政府支持、农业智库成果总产出与企业技术支撑、中国国家级农业智库竞争合作的博弈关系分别进行建模分析并求解，以从全新视角研究制约中国国家级农业智库建设的主要因素和矛盾。

研究发现，中国国家级农业智库除了具有一般智库通用的特征之外，还具有国家战略性、定位高端性、农业基础调研性和长期跟踪性、创新灵活性、国际视野性、农业弱质性和公益性特征。中国国家级农业智库建设的主要影响因素有：国家需求，政府行为，资源要素（高层次农业专家、海内外农业数据、合作交流对象等），农业信息技术，同业竞争，机遇（偶然）因素。根据影响因素模型，中国国家级农业智库建设过程中的博弈问题，主要是高质量农业智库成果与政府支持、农业信息技术与农业领域选题、中国国家级农业智库机构间竞争合作的博弈问题。只有当政府对国家级农业智库成果评价高于国家级农业智库机构对自身成果的评价时，政府才能接受国家级农业智库的高质量成果，使国家级农业智库功能得以充分发挥，达到两者的博弈均衡；当考虑进成果总收益，会出现农业信息技术支撑国家级农业智库研究的纳什均衡；在完全契约条件下，只有引入合作交流奖惩机制，国家级农业智库机构间的博弈才会出现纳什均衡，在不完全契约条件下，不同国家级农业智库机构间的博弈问题主要是谁主导剩余权的问题。这说明作为国家级农业智库机构，一方面需要提高自身的科技创新能力和参考咨询能力，提高智库成果的质量；另一方面需要加强同相关机构之间的合作交流与舆论宣传，对智库成果进行宣传，提高成果的影响力和知名度。作为政府机构，需要加强对国家级农业智库机构的支持力度和相关保障制度建设。

第六章 中国国家级农业智库建设框架与对策建议

在我国政府的政策支持与鼓励下，中国智库数量正在逐渐增长，智库建设问题已经成为学术界研究和农业科研机构实践的热点，他们的工作为中国智库建设积累了宝贵的基础和经验。中国国家级农业智库通过围绕国家层面重大战略需求，聚焦国家发展进程中亟须解决的重大和热点农业问题，通过开展具备前瞻性、战略性与全球视野的农业领域科学研究，服务国家农业发展战略决策需求。中国国家级农业智库是中国特色新型智库建设的重要组成部分，急需寻找其建设发展的办法途径，以推进我国智库建设的总体进程。因此本章基于以上章节的理论研究和实证研究分析结果，构建中国国家级农业智库建设的内容框架，并提出对策建议，为中国国家级农业智库建设实践提供理论依据和方案蓝图。

6.1 中国国家级农业智库建设的目标定位

在对现阶段中国国家级农业智库建设进程中存在的问题进行分析时，可得知目前我国国家级农业智库建设存在缺乏战略设计和宏观规划。并且《意见》指出，必须从党和国家事业发展全局的战略高度，加强顶层设计，把中国特色新型智库建设作为一项重大而紧迫的任务，统筹协调和分类指导，促进各类智库有序发展。同时，要实施创新驱动发展战略，不能"脚踩西瓜皮，滑到哪儿算哪儿"，要抓好顶层设计和任务落实，把发展需要和现实能力、长远目标和近期工作统筹起来考虑，提出切合实际的发展方向、目标、工作重点。如果中国国家级农业智库自身的功能定位、发展目标、发展内容没有正确的方案框架所遵循，将难以突破智库建设泛化的困局。

美国农业部农业研究局、国际粮食政策研究所和食品、农业和自然资源政策分析网络三家智库设有详细公开的为期五年或七年的战略实施计划，并在战略实施计划中明确规定了建设的目标、任务、存在挑战和方案实现的途径。英美国家智库除了美国农业部农业研究局将使命定位为引导美国走向更美好的未来外，国际粮食政策研究所、兰德公司和查塔姆社都将使命目标定位为了为在全球范围内建设一个更好的世界；日本国家问题研究所、韩国发展研究院，以及食品、农业和自然资源政策分析网络同中国一样，将任务定位于为本国或本地服务。

中国国家级农业智库应该在保障服务国家农业发展战略的基础上，将战略定位提高到具有全球性眼光和视野，保障我国国家农业安全，促进我国在世界范围内农业产业竞争地位，为解决世界农业问题、推动全球农业事业发展贡献我国力量的高度。只有把眼光放到全球，我国农业智库才能弥合与国际一流智库之间的差距，真正建成具有国际高影响力的农业智库。

6.2 中国国家级农业智库建设的功能分析

本节将从智库的工作流程出发，来对中国国家级农业智库的功能作用进行分析与说明。所谓智库的工作流程，是指智库机构根据自身的能力水平、资源要素、外部环境以及政府需求等因素，科学计划和协调工作过程，将研究成果转化为政策倡议，进而影响政府决策和社会舆论，引领地方智库发展，充分发挥智库功能的一系列过程（图6-1）。智库发挥作用的基础是优质的情报分析工作，情报分析是"智囊"的主要体现（叶鹰，2003），因此智库工作流程可借鉴成熟的情报分析工作流程，目前国内情报学界使用最广泛的是包昌火和朱庆华对情报分析及情报分析工作流程给出的定义（包昌火，1990；朱庆华，2004）。其后，也有学者提出，现有情报分析流程包括数据驱动的流程和假设驱动的流程：数据驱动的方法始于资料收集，然后形成假设；假设驱动的方法始于初步的假设，并根据假设选择信息（曾忠禄，2016）。

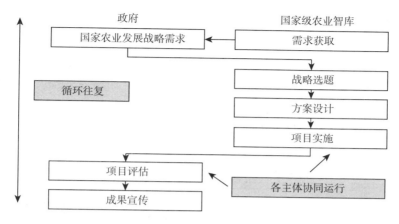

图 6-1　智库的工作流程

　　智库的工作流程：第一，智库机构深入分析政府需求，根据政府需求和科技前沿进行项目选题，论证所选课题的必要性与可行性，并最终选定课题；第二，课题选定后，对课题的研究方法、技术路线、攻关小组、实施时间等进行研究方案设计；第三，实施方案敲定后，进行项目实施工作，具体包括信息搜集、信息整理、信息分析、得出结论等步骤；第四，项目完成后，协同媒体、政府、企业等机构进行合作，借助媒体宣传，展示项目成果、宣传政策倡议、影响政府决策，满足政府决策咨询需要，提高智库的决策影响力和舆论影响力，并进一步提出问题，为下一轮的智库政策分析工作做好准备。在以上政策分析过程中，都需要与广泛的利益相关者进行有效的沟通合作、协同运行。

　　根据《意见》要求，结合智库的工作流程与农业智库的自身类型特征，借鉴外国智库建设经验，本研究认为中国国家级农业智库具有海内外农业数据资源采集、辅助国家农业发展重大战略决策、推动解决我国农业重大科学技术创新、正确引导国内农业行业公众舆论、积极影响国际社会舆论、培养高层次农业决策人才、地方农业智库建设引领的功能作用。其中农业领域重大科学技术创新与国家农业发展战略决策咨询是其核心功能（图 6-2）。

6.2.1　海内外农业数据资源采集

　　翔实充分的农业数据是农业智库开展研究的基础，知名智库大多建有自

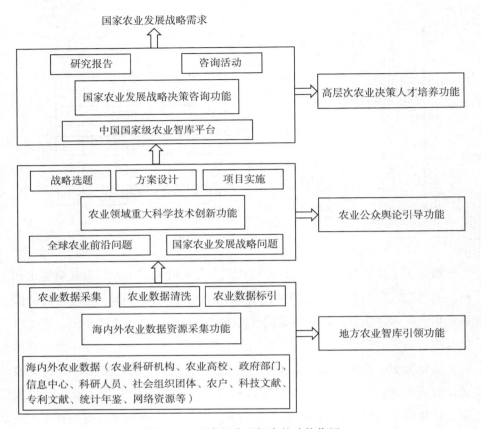

图 6-2　国家级农业智库的功能作用

己的农业数据库和网络平台。以兰德公司为例，兰德公司为研究人员提供公共数据库 RADIUS，兰德公司还自己建设有数字图书馆、公共健康数据库、MIPT 反恐数据库等。中国科学院农业政策研究中心建设有自己的农产品政策分析和决策支持系统，包括农产品供给、需求、贸易和市场价格分析与预测，生物质能源等农产品新市场的发展与政策，经济全球化和贸易自由化的影响和国家农业发展政策，国家农业发展决策支持系统和政策分析平台，区域农业发展决策支持系统和政策分析平台等多个数据库和数据平台。中国农业科学院农业研究所也根据学科特色，设有自己的文献数据库和农村调研数据库，建设有玉米病虫草害诊断系统、农业科学数据共享中心、中国外来入侵物种数据库、中国生态农业信息数据库、中国草地资源牧草种质资源信息系统、中国转基因作物监测与监测数据库等，为国家重大农业政策的分析研究做好了充分的数据资源准备。农业数据资源采集是中国国家级农业智库不可缺少的功能任务。

6.2.2 国家农业发展战略决策咨询

虽然智库是由科研机构演化而来，但与普通科研机构不同的是，智库的主要服务对象是各级政府，研究目标是帮助我国政府制定公共决策。辅助农业公共政策决策行为是我国农业智库的核心行为，也是智库直接发挥作用与功能的有效途径。智库组织专家群体将专业知识转化为政策语言，通过与决策机构之间建立各种正式和非正式渠道，把对政策的分析、观点和主张传递给政策制定者。我国智库致力于为本国政府决策提供科学依据和咨询建议，例如，中国科学院科技战略咨询研究院的功能是为国家宏观决策提供科学依据和咨询建议；国务院发展研究中心农村经济研究室的功能是为党中央和国务院提供政策建议；华中师范大学中国农村研究院的任务是为党和国家的"三农"决策提供咨询服务；中国社会科学院农村发展研究所将功能定位为专门从事中国农村问题研究，探索农村经济和社会发展的规律。可见，农业政策参考咨询是中国国家级农业智库区别于一般科研机构与其他类型智库的最显著功能特征之一。

因为智库的功能是以知识产出服务政府决策，因此从情报学方法考虑，智库的项目研究过程主要是从信息到政策方案的转化过程（张家年等，2016），如图 6-3 所示。

图 6-3 农业信息到农业政策方案的转化过程

根据卡尔·帕顿和大卫·沙维奇的观点，智库的专家们多对一些公共政策问题进行专门的研究，通过研究型的政策分析或政策研究（policy study/policy research），将研究成果通过预测、评估、选择等一系列过程，转化为可行的政策倡议，对政府提供政策咨询服务。世界知名农业智库食品、农业和自然资源政策分析网络（FANRPAN）认为，通过科研成果转化为政策倡议以及政策倡议的宣传，进而对政府进行政策咨询，影响其农业公共政策决策能力，是智库机构区别于一般的科研机构最重要的功能，因此 FANR-PAN 在其发展战略中也专门将提升政策倡议转化能力和成果宣传能力作为其能力建设的一部分。

6.2.3 农业领域重大科学技术创新

产出农业领域科研成果、实现农业科学技术创新是中国国家级农业智库的重要功能。各个智库领域的专家学者关注不同的科研领域，将其研究成果发表在可供同行评阅和交流的学术期刊上，能对学术界和政府产生影响。以美国农业部农业研究局为例，其 2016 年 10 月 20 日发布了 2016 意大利农业生物技术年报，从改良与生产、进口及出口、粮食援助、贸易壁垒、相关政策、公众意见与市场推广六个方面详细介绍了意大利农业生物技术的运用情况，无论从学术研究角度，还是为美国政府制定农业外交政策角度，都起到了良好的参考作用。研究内容详细的意大利农业生物技术年报，是由作为美国官方农业智库的美国农业部农业研究局研究发布的，可见其将智库的学术作用发挥到了极致。世界老牌智库兰德公司将自身的功能定位为发现和扩展新知识，并将研究成果广泛传播到科学界和人类全社会，为全世界客户提供研究服务、系统分析和创新思想；中国社会科学院农村发展研究所将功能定位为专门从事中国农村问题研究，探索农村经济和社会发展的规律。农业科学技术创新为农业政策的产出奠定了科学资源基础。

目前国内外研究机构在进行科学技术创新时，大多利用"事实性数据＋专用工具方法＋专家智慧"的情报分析方法论，即以事实型数据为基础，利用专业的分析工具和方法，辅以专家意见而对信息进行分析，得出创新研究结果（叶鹰等，2012）。下面就以探测动物资源育种领域研究前沿为实验案例，对农业科学技术创新过程进行分析。

动物资源育种在畜牧业和养殖业产业链中均占据着重要地位，是畜牧业和养殖业中利润极高的部分，本节选取动物资源育种领域数据进行前沿探测的案例演示，研究数据来源于美国科学信息研究所（ISI）的 Web of Science 数据库。由于动物资源与育种领域涉及的研究主题比较广泛，为了将研究范围限定，这里在对相关领域专家进行咨询的基础上，根据专家的研究经验，

选取最具有代表性的 29 种动物资源与育种领域英文期刊作为文献来源
（表 6－1）。考虑到学科研究进展阶段，时间跨度定为数据库中 2000—2015
年时段，选择数据库类型为 SCI 和 SSCI 收录，又考虑到研究的偏重点为此
领域的发展态势，选择文献类型为 Article、Review、Proceeding Paper、
News Item 和 Meeting Abstract 进行精炼，最终得到 11 000 篇论文。利用
SCIMAT 软件对初步搜集的数据进行清洗与规范化，最终遴选出 9 041 篇文
献，供动物资源育种领域发展态势分析使用。数据下载日期为 2016 年 10 月
12 日，WOS 网站数据更新日期为 2016 年 10 月 11 日。

表 6－1　WOS29 种动物资源与育种领域期刊

编号	期刊名	ISSN	E-ISSN	影响因子
1	Genetics Selection Evolution	0999－193X	1297－9686	3.821
2	Animal Behavior	0003－3472	1095－8282	3.068
3	Journal of Dairy Science	0022－0302	1525－3198	2.55
4	Animal Conservation	1367－9430	1469－1795	2.524
5	Animal Genetics	0268－9146	1365－2052	2.21
6	Journal of Animal Breeding and Genetics	0931－2668	1439－0388	2.11
7	Journal of Animal Science	0021－8812	1525－3163	1.92
8	Domestic Animal Endocrinology	0739－7240	1879－0054	1.783
9	Poultry Science	0032－5791	1525－3171	1.544
10	Journal of Dairy Research	0022－0299	1469－7629	1.394
11	Reproduction in Domestic Animals	0936－6768	1439－0531	1.212
12	Worlds Poultry Science Journal	0043－9339	1743－4777	1.158
13	Livestock Science	1871－1413	1878－0490	1.1
14	Small Ruminant Research	0921－4488	1879－0941	1.099
15	Animal Science Journal	1344－3941	1740－0929	1.044
16	Animal Production Science	1836－0939	1836－5787	1.028
17	Czech Journal of Animal Science	1212－1819	1212－1819	0.871
18	World Rabbit Science	1257－5011	1989－8886	0.86
19	Animal Science Papers and Reports	0860－4037	1841－9364	0.814
20	Journal of Poultry Science	1346－7395	0007－1668	0.787
21	British Poultry Science	0007－1668	1466－1799	0.782
22	Italian Journal of Animal Science	1594－4077	1828－051X	0.718

（续）

编号	期刊名	ISSN	E-ISSN	影响因子
23	Animal Biotechnology	1049 – 5398	1532 – 2378	0.636
24	Animal Biodiversity and Conservation	1578 – 665X	2014 – 928X	0.59
25	South African Journal of Animal Science	0375 – 1589	—	0.345
26	Archive Fur Ttierzucht-archives of Animal Breeding	0003 – 9438	—	0.326
27	Brazilian Journal of Poultry Science	1516 – 635X	1806 – 9061	0.318
28	Turkish Journal of Veterinary& Animal Sciences	1300 – 0128	1300 – 0128	0.221
29	Indian Journal of Animal Sciences	0367 – 8318	0367 – 8318	0.16

依据知识理论，科学研究之间存在某种共性，反映在科学家引用他人科研成果的学术行为之中。从文献计量角度来讲，文献的被引频次越高，说明文献的影响力越高，在学术行为中的研究热度也就越高。引文共被引频次涉及的测度指标值有 Callon 中心度和 Callon 密度，可表示成如下形式：

$$Callon\ 中心度 = \frac{\sum\limits_{i\in\phi_i,j\in(\phi-\phi_i)} w_{ij}}{N-n}$$

$$Callon\ 密度 = \frac{\sum\limits_{i,j\in\phi(i\neq j)} w_{ij}}{n-1}$$

w_i 表示引文 i 被引的频次，w_{ij} 表示两篇不同的引文 i 和 j 共现的次数，ϕ_i 表示引文 i 所属的主题聚类，ϕ 表示主题聚类的全集。当一簇论文共被引情况达到一定的活跃度时，就形成一个研究前沿（陈悦等，2015）。一般认为，研究前沿是指科学研究中最先进的或最具发展潜力的领域热点。在信息可视化工具中，研究前沿是由形成文献共被引矩阵中的文献及文献中使用的突现词来体现的。构建被引文献与突现词的共现网络：首先研究领域高被引论文的共同被引用情况，发现研究前沿的核心论文；其次，利用突现词探测技术，将突现词从大量的主题词中探测出来，结合领域核心论文，揭示领域的研究前沿。

关键词是作者对一篇文章核心内容的高度概括和揭示，高频关键词常被用来确定一个研究领域的热点问题；关键词共现是指关键词在领域文献集中共同出现的情况；高频关键词的共现聚类能够揭示特定领域的重要研究主题，关键词知识图谱有利于分析特定领域的研究热点。聚类是依据事物本身具有的特征，将连接强度较近的词聚集起来，形成属性相似性高、相对独立类团的一种数学方法。

分析对象之间的连接强度主要有三个指数：Cosine 夹角余弦指数、Jaccard 指数和 Dice 指数，聚类算法主要有 kmeans 算法、Streemer 算法、Modularity Maximization 算法等。

结合领域核心论文与关键词，发现领域的研究前沿主要有：体外培养与繁殖，动物福利研究，生长性能与因素，基因组育种技术，遗传育种技术，饲养方式与产量，农场运营与管理，环境与气候影响，动物疾病防治。以被引频次作为热点研究前沿的遴选指标，得到两个动物资源与育种领域的热点研究前沿：动物繁殖与发育和动物福利研究。

为了选取新兴的前沿，组成研究前沿的基础文献即核心论文的时效性是优先考虑的因素。为了识别新兴前沿，我们对研究前沿中的核心论文的出版年赋予了更多的权重或优先权，只有核心论文平均出版年在 2012 年之后的研究前沿才被考虑，然后再按照被引频次从高到低排序，选取"年轻"的研究前沿。新兴研究前沿突现词有：福利（welfare），胎体特性（carcass-characteristics），生长性能（growth-performance），管理（management），危机因素（risk-factors），热应激（heat-stress）。结合领域核心论文与突现词，发现领域的新兴前沿有：农场可持续发展、饲养管理与调控、动物疾病防治（亚急性瘤胃酸中毒、乳腺炎、酮症）、基因组育种技术、遗传育种技术、体外培养与繁殖。

对于研究前沿部分，专家咨询反馈回的意见为：体外培养与繁殖、动物福利研究、生长性能与因素、基因组育种技术、遗传育种技术、饲养方式与产量、农场运营与管理、环境与气候影响、动物疾病防治是动物资源与育种领域的研究前沿，文献共被引结果客观合理。专家还补充指出：畜禽养殖业是农业温室气体重要源头之一，有效减少畜禽温室气体、氮、磷等污染物的产生、排放，以及这些污染物处理的问题亟待研究；随着动物繁殖技术的不断发展，以及在繁育过程中对动物福利问题的深入探讨，相对于其他前沿，动物福利研究主题更受学术界关注，例如欧盟规定于 2012 年 1 月 1 日起未采用任何麻醉措施不可以对仔猪进行去势手术，并计划最迟到

2018年完全禁止仔猪去势；从充分考虑和优化畜牧生产中的各个环节考虑，新兴前沿有农场可持续发展、基因组育种技术、分子生物学技术应用，文献共被引结果基本合理；饲养管理与调控、动物疾病防治、体外培养与繁殖三个研究主题是畜禽生产过程中长期注重的环节，并非2012年之后出现的新兴前沿。

由此，我们从事实性数据搜集，到利用专用方法工具进行分析，再到专家智慧把关，完成了一次智库机构对所选项目的农业科学技术创新过程。

6.2.4 农业公众舆论引导

《意见》指出，为增强智库的传播能力、鼓励智库运用大众媒体有效引导社会舆论，为了传播其科研成果、扩大社会影响力，智库会通过大众媒体来影响社会舆论（王莉丽，2014）。例如，布鲁金斯学会经常举办开放的研讨会，在会议上宣传自身的政策倡议和科研成果，每次举办研讨会都会邀约媒体工作人员，对其进行报道，以此引导公众舆论，进而影响政府决策。世界著名的农业智库食品、农业和自然资源政策分析网络将搭建政府与公众社会之间的沟通桥梁、提高非洲的政治分析和政策对话能力，作为自己的功能任务之一。IFPRI将成果宣传作为自身的建设战略，并设立了促进成果宣传工作的详细方案计划，包括通过面对面的和虚拟的研讨会、会议、讲习班，以及地方、地区和国际会议和会议，来促进与不同利益相关者群体的持续对话和交流互动；以各种形式宣传呈现IFPRI的研究成果，使其对不同的观众具有可理解性，这些成果宣传和报道形式包括书籍、论文、报告、简报、宣传册、旗舰出版物、杂志、社交媒体和可供公众使用的数据库；将不同形式的丰富知识成果通过多种宣传渠道传播给不同的群体，吸引相关合作者，并利已有的知识成果来创造新的知识，宣传渠道包括IFPRI的主要网站（www.ifpri.org）和其社区平台（www.ifpri.info）、项目博客、社会和学术网络、媒体活动、播客和视频、电子书店、世界各地的图书馆，以及将成果翻译成世界多种语言等。日本国际问题研究所也将传播国际事务知识和信息、引导日本公众舆论、促进世界和平与繁荣作为自己的重要任务。根据我国政府要求，借鉴国外成熟智库的建设经验，农业公众舆论引导应该作为中国国家级农业智库的重要功能作用之一。

6.2.5　高层次农业决策人才培养

在世界排名第二的健康类智库约翰斯·霍普金斯彭博公共卫生学院的官方网站上，其总结了历经一百年学院成长为世界杰出健康类研究机构和智库的几条重要原因，其中有一条是拥有杰出的学生。截至 2017 年，学院拥有来自世界 81 个不同国家的 2 243 名杰出学生，这些学生经常受到美国富布赖特奖学金（fulbright awards）的资助；自 1919 年建院起，学院已拥有了 23 814 名校友；包括学校公共卫生专业在内，学院建有 12 个研究生学位授予点（硕士 9 个、博士 3 个），学生成为科研不可缺少的重要力量。世界老牌智库兰德公司也设有兰德研究学院，兰德公司总裁兼首席执行官迈克尔·里奇（Michael D. Rich），同时担任兰德研究学院教授，开设课程指导学生，并作为招生委员会成员负责兰德研究学院的博士研究生招生工作。中国农业科学院农业信息研究所、中国社会科学院农村发展研究所、中国农业大学农业政策研究中心等国内农业智库，大都建设有自己的农业科研人才培养机构，高质量的学生成为智库机构科研不可缺少的力量，也成为科研决策人员的培养孵化基地。

6.2.6　地方农业智库引领

国家级农业智库不仅要对政府决策负责，也需要作为农业智库建设的成功典型，作为引导者，帮扶带领地方农业智库的建设。地方智库指依托社会力量设立的社会组织智库，主要包括非营利型和营利型两类，其中非营利型智库指地方科研机构、地方大学或地方学会等社会团体或民办非企业型智库，社会营利性智库主要指发源于咨询业的以营利为目的的企业智库。以创建于 2010 年的创联新农业智库为例，其由"黑龙江创联新农业发展模式研究中心"和"黑龙江良法良种高效生态农业集成技术推广中心"两个独立企业法人组成，是一家营利性参考咨询机构。如表 6-2 所示，其在农业智库建设的进程中，着重于对中国农业问题的探讨，相关文章数量较多，多发在公众账号或媒体等，而且作者多为智库负责人，这说明社会型农业智库更加注重自身智库的宣传；但其科研产出多为发布在公众平台上的研究报告，在学术期刊上发表的科技文章比较少见，这可能与其智库机构自身战略定位有关，也可能与其人才结构大多由聘请挂职而非专职的专家构成有关。

表 6 - 2　2016 年创联新农业智库发布的文章

编号	专题文章
1	大企业种粮底线约束和法律保障
2	共享和获得感是"三农"发展的人文核心
3	破除理论枷锁、大力推进工商资本进入主粮种植产业
4	新农业与新农村体制统筹创新，成就"新动能"支柱产业
5	中产下乡置业——供给侧改革最大的着力点
6	振兴东北，造农业大船是大道
7	跨界多赢，房地产企业应大跨步进军东北农业
8	"三农"发展最大的困惑是现行体制无法展望未来
9	"新农业＋新农村"一体化体制，创新主粮产业"三农"协调发展路径
10	创新"大农业"经营主体，是产粮大省的战略选择
11	大格局构筑中国农业发展战略

近几年，创联新农业智库首席研究员孙北国发表的几十篇涉及主粮产业"三农"发展战略、发展模式、发展路径的专题文章，经新浪网、人民网、新华网等各大网站刊转，已形成一定程度的理论影响力。在对创联新农业智库负责人的访谈调研中，得知其最想合作的机构是国家高端智库机构，认为阻碍其发展的最大因素是资金，最想得到政府的资金和政策支持。可见，中国国家级农业智库不但应担负起中央政府决策辅助的作用，也应发挥引导带领地方农业智库建设的历史作用和任务。

6.3　中国国家级农业智库建设的内容框架

综合本书 5.1 小节中分析出的中国国家级农业智库的自身特点分析结论、6.1 小节和 6.2 小节中分析得出的中国国家级农业智库建设的目标定位和功能作用分析结论、第五章中对中国国家级农业智库建设影响因素的分析结论、第三章中对国内外典型智库建设的案例分析结论，再结合智库的通用功能特征，依据中国国家级农业智库的自身功能特征和影响因素分析结果，构建中国国家级农业智库建设的框架模型（图 6 - 4）。

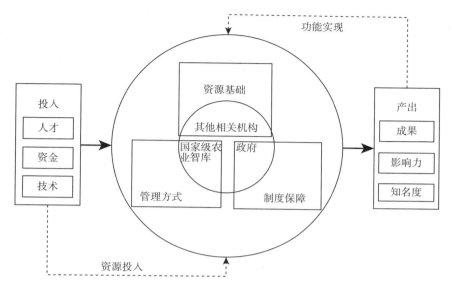

图 6-4 中国国家级农业智库建设的框架模型

中国国家级农业智库首先应将其建设目标明确定位为服务国家农业发展战略,并同时将目标提高到具有全球视野、助力我国在国际社会赢取话语权、提高我国在世界农业中的地位、与世界著名智库机构携手构建人类命运共同体、共同推进全球的农业事业发展的高度。

中国国家级农业智库应在乡村振兴战略布局、农业产业发展、农业信息科技进步、国内外智库竞争的驱动下,通过具有全球视野的科学研究,实现农业发展战略决策咨询、农业重大科学技术创新核心功能。成熟的中国国家级农业智库应该具备农业领域领军人才、高质量的农业智库成果、先进的农业信息技术、广泛的资金来源、品牌影响力、合作交流网络等核心资源,并具备国家战略性、农业调研性和长期性、农业弱质性和公益性、创新灵活性等特点。建设一家能够充分发挥功能作用、实现其发展目标的中国国家级农业智库机构,应该从功能定位、资源筹备、管理创新、制度保障等几个方面进行。根据中国实际情况和中国国家级农业智库的目标定位,中国国家级农业智库建设的根本原则应该是服务决策、适度超前。关于各方面建设内容的具体对策,在下文 6.5 小节中进行详细分析。

中国国家级农业智库建设的主要内容,可以借鉴企业设计管理领域和知识创新领域广泛应用的由武汉理工大学胡树华教授提出的 ISCO 四维结构模型，针对中国国家级农业智库建设中存在问题和影响因素进行分析。ISCO 四维结构模型主要基于创新理论、投入产出理论、黑箱理论等发展而来，ISCO 分别代表资源投入（input）、资源产出（output）、创新主体（subject）、创新内容（content），ISCO 模型广泛应用于企业设计管理领域和知识创新领域。中国国家级农业智库建设的目标主要是服务中央层面的农业知识创新和农业政策决策，中国国家级农业智库是典型的知识创新主体，因此 ISCO 四维结构模型可以应用于中国国家级农业智库建设的内容体系分析。

考虑到中国国家级农业智库建设的方案设计目标，借鉴 ISCO 四维结构模型，针对现阶段中国国家级农业智库建设中存在的问题、影响因素，以及对国内外知名智库建设的充分案例分析基础上，本书认为中国国家级农业智库的建设内容主要包括四大方面内容：资源投入、资源产出、管理创新和制度保障。围绕着这四方面主要内容，我们进行中国国家级农业智库建设内容的模型构建，并提出具体的对策建议，用以指导中国国家级农业智库实践。

6.3.1 资源投入

6.3.1.1 专家人才资源

智库的发展，最为重要的是形成一支能够参与政府决策咨询活动和学术研究活动的、适合智库发展需要的高水平的专业人才队伍，包括农业领域专家、信息分析技术人员、管理人员、辅助人员等。完善的用人机制是各类型智库发展的保障。

（1）农业领域高层次专家人才

智库高质高效的专家库和核心团队可以最大限度地发挥农业智库的创造力，增强农业智库研究的客观性和科学性，为提高农业智库的竞争力奠定坚实的智力资本和知识基础。在美国顶级智库斯坦福大学胡佛研究所常驻的 100 多位研究人员中，有 2 位诺贝尔经济学奖获得者、2 名国家科学奖章获得者、6 名国家人文奖章获得者、25 名美国人文与科学院院士、6 名美国科学院院士。胡佛研究所正是借助这种超级人才资源，才确立了其在美国乃至世界的学术话语霸权。鉴于农业研究领域的专业特征，中国国家级农业智库最重要的资源投入应该是农业领域专家人才。

同时，美国农业智库研究专家的学科背景有多元化的特点，社会科学、政策分析学、计算机科学等多学科背景的专家人才协同科研，是美国智库科研成果具有政策实践指导价值的重要因素。但对我国农业智库的专家背景进行时，发现其背景大多与自身研究农业领域相关，而缺少社会科学、政策分析学等多样性的学科背景，因此其科研产出的成果是否能作为公共政策参考指导，还需要长时间多范围的实践检验。

（2）管理辅助人员

一家智库机构的运行，除了有专家外，还需要有管理人员，管理人员包括智库机构的负责人和日常管理辅助人员。

管理者是农业智库的创立者和带头人，对农业智库建设起着至关重要的作用。通常管理者是那些在农业智库中具有高水平科研能力，并且在农业智库内外均具有一定影响力和号召力，拥有一定的建言渠道，能组织和管理智库工作人员高效工作的领军人物。

日常管理辅助人员指那些辅助科学研究的日常行政管理人员。国内外知名的农业智库的机构设置中，基本都分为科学研究和行政管理两大部分，其中行政管理部门又按照不同的职能，划分为财务、法律、推广、传递等多个各司其职、各尽其能的部门。各个部门的行政管理人员，从各个方面对科研部门进行支撑，为农业智库的正常运转起到了重要的保障作用。例如美国农业部农业研究局 USDA-ARS 拥有 2 000 名科学家和博士后，另外还有 6 000 多名其他管理和辅助员工，管理和辅助人员的数量超过了科研人员的数量。同样，兰德公司不但拥有专业背景多元的专家人才，为了保证研究工作的效率，还雇佣配备有管理辅助人员，在人数的配比上，管理辅助人员的数量超过了研究人员的数量，这些辅助人员包括研究助理秘书、图书管理人员、计算机技术人员、编辑人员等，使科学家在专心投身科研工作的同时，能够保证不被其他日常行政事务所打扰。

在对我国农业智库机构的调查中，多位专家反应日常财务报销都是由其个人负责，也需要自己联系出版社出版自己的成果，没有专门的管理人员来对这些事物负责；国内智库机构的人才招聘计划也倾向于高端专业人才的引进，而在逐年对管理人员进行压缩。但实际上，如果一位智库研究专家只需要专心于科学研究，而不为日常信息维护、财务来源、成果宣传等管理事务分心，其科研效率必将提升。

6.3.1.2 农业数据信息

翔实充分的农业数据是农业智库开展研究的基础，知名智库大多建有自己的农业数据库和网络平台。例如，中国科学院农业政策研究中心建设有自己的农产品政策分析和决策支持系统，包括农产品供给、需求、贸易和市场价格分析与预测，生物质能源等农产品新市场的发展与政策，经济全球化和贸易自由化的影响和国家农业发展政策，国家农业发展决策支持系统和政策分析平台，区域农业发展决策支持系统和政策分析平台等多个数据库和数据平台。中国社会科学院农村发展研究所也建设有自己的文献数据库和农村调研数据库，这为农业领域专家进行科学研究提供了充分的数据保障。农业数据信息可划分为国内农业信息和海外农业信息两大部分，这些信息来源于科技实施主体和科技成果载体，构成了我国国家级农业智库决策研究的数据资源基础和依据。

（1）来源于科技实施主体的我国农业信息来源

来源于科技实施主体的我国农业信息来源主要有农业科研机构、农业高校、政府部门、信息中心、科研（管理）人员、社会组织团体、农户等（陈亚东等，2016）。农业科研机构包括中国农业科学院、省（地方）级农业科学院等。农业高校包括中国农业大学、沈阳农业大学等涉农高校，此类机构产生的数据信息主要包括农业科研项目数据、试验数据、专利与成果、教学数据（教材、多媒体课件等）、学术（位）论文、单位内部科研规划报告等数据。政府部门包括农业农村部、科技部、省（地方）级农业农村厅等，其产生统计型数据（例如农产品产量等）或进行农业数据库的建设。社会组织团体包括中国农学会、中国林学会、中国粮食学会等农业相关的学会和协会。农户产生的数据则一般都是农业生产相关一手数据，具有零散性和实时性特点。

（2）来源于科技实施主体的海外农业信息来源

海外农业信息来源有国际组织和不同国家两部分，其中国际组织包括国际事务性组织、国际信息机构和国际科研机构；国家信息来源包括不同国家的农业科研机构、农业高校、政府部门、信息中心、科研（管理）人员、社会组织团体等。来源于科技实施主体的部分海外农业信息来源见表 6-3。

表 6-3　部分海外农业信息来源

	机构名称	信息源类别
国际组织	联合国粮农组织（FAO）	事务性组织
	国际农业研究磋商小组（CGIAR）	事务性组织
	世界动物卫生组织（OIE）	事务性组织
	国际农业与生物科学中心（CABI）	信息机构
	国际农业生物技术应用服务组织（ISAAA）	信息机构
	国际玉米小麦改良中心（CIMMYT）	科研机构
	国际水稻研究所（IRRI）	科研机构
	国际家畜研究所（ILRI）	科研机构
美国	美国农业部（USDA）	政府机构
	美国食品药品管理局（FDA）	政府机构
	美国国家科学基金会（NSF）	科研机构
	孟山都（Monsanto）	公司
	陶氏益农（Dow Agro Sciences）	公司
	美国农业学会（ASA）	学会
	美国农作物科学学会（CSSA）	学会
	福特基金会（Ford Foundation）	基金会
加拿大	加拿大农业食品部（AAFCA）	科研机构
	加拿大食品检验署（CFIA）	政府机构
	加拿大农业博物馆（CAFM）	公司
澳大利亚	澳大利亚农林业局	政府机构
	墨尔本大学（MELBOURNE）	大学
	澳大利亚研究理事会（ARC）	科研机构
意大利	国家科研委员会（CNR）	科研机构
	农业研究委员会（CRA）	科研机构
	国家新技术能源环境委员会（ENEA）	科研机构
巴西	巴西农业研究公司（EMBRAPA）	企业
	国家商品供应公司（CONAB）	企业
印度	农业研究理事会（ICAR）	科研机构
	医药研究理事会（ICMR）	科研机构
韩国	韩国农业、食品和农村事务部（MAFRA）	政府机构

6.3.1.3　分析工具资源

为了与具有农业政策分析技术的专家人才相区别，这里以农业政策分析工具指代中国国家级农业智库应该具备的农业政策分析技术资源，包括农业舆情监测系统、农业政策仿真系统、农业政策跟踪系统、农业政策评估系统等。通过对国内外知名智库的建设经验进行分析得知，几乎每一家成功的智库机构，都具有自己独创的分析技术和工具。例如兰德公司一直致力于研究方法和分析技术的创新，著名的头脑风暴方法就是兰德公司创建并且积极倡导的。还有 2017 年被评为中国最受尊敬企业的知名参考咨询公司麦肯锡公司，创立了战略咨询研究工具——逻辑树分析方法。随着计算机和信息技术的迅猛发展和普及应用，农业行业应用所产生的数据呈爆炸性增长，大数据技术通过对海量数据的快速收集与挖掘、及时研判与共享，成为支持社会治理科学决策和准确预判的有力手段，数据关联程度不断加深，大数据呈现的宏观趋势越发清晰，揭示的隐藏知识更为深刻，为社会治理创新带来了数据条件和技术机遇（曾大军等，2013）。大数据环境下的农业数据与政策分析技术是中国国家级农业智库建设的关键投入，中国国家级农业智库的分析工具资源主要有农业舆情监测系统、农业政策仿真系统、农业政策跟踪系统和农业政策评估系统。

6.3.1.4　运转资金来源

资金是指智库为进行智库行为、发挥智库功能、产出思想成果、提升智库能力而有权长期独立支配和使用的资金。拥有长期稳定的资金支撑，是农业智库得以良性发展的重要保障。相反如果长期缺少稳定的资金来源，必然影响农业智库的生存状态，进而影响其研究成果的可靠性和科学性（王文，2015）。国际成熟智库资金来源比较多元，有政府支持、基金会捐款、个人捐款和出版收入等，智库官方网页平台上大多设有个人捐款窗口，以接受社会各界人士对智库机构的捐款。美国大多数智库根据《所得税法》注册为免税的非营利性机构，因此享受免税的优惠政策，社会对农业智库的捐赠也享受免税待遇。为了获得免税资格，它们不得公开支持或者反对任何政治派别。同时，美国法律对智库游说政府获取经费支持的预算支出比例有明确的规定和限制。例如，作为一个非营利性的科学研究组织，布鲁金斯学会依照美国税法第 501（c）（3）的有关规定享受受捐免税待遇。因此，布鲁金斯学会每年都会公布自身的收入和支出明细，做到财务透明，便于捐赠者监督。

通过调查分析得知，我国具有官方背景的农业智库的资金来源比较稳定，多为项目支持和政府拨款，所以多数智库机构的管理者认为专家是影响其自身发展的关键因素，而不是资金，但与发达国家智库广泛多元的资金来源相比，其还存在着来源化单一、使用不够灵活的缺点。本研究认为中国国家级农业智库的运转资金来源应主要由政府拨款、企业合作、个人捐款和自营创收四部分组成。

6.3.1.5　合作交流网络

中国国家级农业智库的合作交流对象包括政府、科研机构、大学、企业、专家、媒体，按照这些对象与国家级农业智库的关系，可将合作交流主体分为指导型合作交流主体、同级别型合作交流主体和关联型合作交流主体。指导型合作交流主体包括政府和被带动的地方农业智库，政府对下指导国家级农业智库，国家级农业智库对下指导带动地方农业智库；同级别型合作交流主体包括同等级别的大学附属型智库、科研机构型智库、社会智库等不同类型的专业智库；关联型合作交流主体包括媒体、企业和其他相关社会组织（图6-5）。

（1）指导型合作交流主体

指导型合作交流主体包括政府和被带动的地方农业智库，政府对下指导国家级农业智库，国家级农业智库对下指导带动地方农业智库。政府既是智库的指导者，又是智库的服务对象，特别是在智库的起步阶段，由于智库处在探索、学习和谋求生存的时期，资金、成员等都不稳定，智库的发展急需政府的帮助和支持。国家级农业智库不仅需要政府的引导，也需要作为智库建设的成功典型，作为引导者，帮扶带领地方智库的建设。

（2）同级别型合作交流主体

合作主体必须打破组织间的壁垒，通过目标、资源和运营等不同层面的协同，实现人才、资金、信息、设备等资源的充分共享与有效利用，最终实现深度融合。同级别合作交流主体之间要求具备相互匹配的科研能力和资源实力，能够具有共同的目标及合作意愿，健全利益分配机制，真正达到合作主体间优势互补、发挥预想的合作效应，而避免利益分配不均，或是合作能

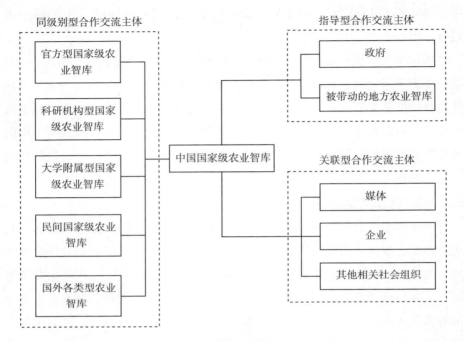

图 6-5　中国国家级农业智库合作交流主体

力与合作目标不相匹配。国家级各类智库在不同类型的同级别智库之间形成以课题合作、联合调研、专家访谈、专题座谈等形式开展的全方位横向合作，构建国家级农业智库协同创新联盟。

（3）关联型合作交流主体

关联型合作交流主体包括媒体、企业和其他相关社会组织。作为智库建设基础的人文社会科学更加重视面向现实问题，加强应用研究，以及向国际社会发出中国的声音。其最为合理有效的途径就是加强新闻传媒界与智库机构的紧密合作，以及人才的双向交流，双方都将在其中获得更大更好的发展。同时，国家级农业智库在自身资源建设的同时，可以向企业购买数据库建设服务等，同时向企业提供参考咨询服务，不仅面对国家公共政策进行辅助决策，也要面对企业提供技术咨询，以便另外拓展资金来源支持智库建设。

6.3.1.6　网络平台资源

2015 年国内智库平台建设成为亮点（表 6-4）。2015 年 8 月，新浪智库平台正式上线，旨在打造全国最大的智库网络资讯和咨询平台，将智库的智力资源转变为信息增值服务的产品，促进全国智库市场形成，并重点强化智库在城市发展中的重要作用，目前已有 40 余家国内外的优秀智库入驻。华中师范大学中国农村研究院成立了全国首家中国农村发展智库平台，致力于全方位的中国农村社情调查；四川农业大学新农村发展研究院同时建立智库互联网平台和微信公众账号平台，用于农业科技技术信息发布和研究院自身的宣传，致力于以智库平台建设推动其农业智库建设进程。

表 6-4　中国部分农业智库网络平台建设情况

智库平台	主办机构	是否有相应微信账号
中国智库网	国务院发展研究中心农村经济研究部	ChinaThinkTanks
农业科技前沿与政策咨询	中国农业科学院农业信息研究所	AgriExp
国家农业政策分析与决策支持系统开放实验室	中国农业科学院农业经济与发展研究所	无
中国林业智库	国家林业和草原局经济发展研究中心	无
中国农村发展智库网	华中师范大学中国农村研究院	无
东吴智库	苏州大学中国特色城镇化研究中心	SUThinkTank

资料来源：智库官网及微信 App 软件应用。

6.3.2　资源产出

6.3.2.1　智库产品成果

中国国家级农业智库的产品产出主要是农业政策研究成果，包括具有农业政策导向的研究项目、研究报告、学术论文、专著、主办刊物、会议 PPT 和博客文章等。

（1）有农业政策导向的研究项目

智库的定位和发展方向不同，其特色领域也不尽相同。以把军事和国防作为特色研究领域的美国兰德公司为例，兰德公司发布的 2016 年度报告指出，其 2016 年累计项目数量超过 1 700 个，2016 年较 2015 年相比新增了 600 项新项目，其中军事领域项目有对抗俄罗斯的侵略、军事补偿和退休制度改革、受辱的美国武装部队、面对突发的核武器区域的敌人等。而世界知名农业智库食品、农业和自然资源政策分析网络 2016 年的研究项目主要有全球环境变化与南非食物系统、农业生物技术与生物安全政策对食品安全的影响、加大对南非小规模经营主体的生产要素投入策略研究等，其研究项目几乎都涉及农业领域。中国国家级农业智库的研究领域主要是农业，因此产出的知识产品中应该是具有农业政策导向的研究项目。

（2）面向国家战略的研究报告

智库机构通常通过产出研究报告对政府的某一决策问题进行咨询建言服务。例如，2016 年国务院发展研究中心农村经济研究部发布了《韩国公共机构疏散经验值得借鉴》《支持发展农产品产地初加工解决农民增产不增收难题》《支持农产品产地初加工是促进新疆农民增收的有效措施》等研究报告，对国家关注的重大农业问题进行了科学分析，为党中央和国务院提供政策建议。又如，中国农业科学院农业信息研究所定期向政府报送政策咨询报告《农业科技要闻》，浙江大学农业现代化与农村发展研究中心定期向政府报送政策咨询报告《决策参考》，这样的定期的政策咨询报告将政府需求与智库学术产出相结合，更好地起到了建言资政的作用。农业政策咨询报告应以农业生产特征为基础逻辑起点和出发点，助力推动我国农业供给侧结构性改革。

（3）重大科学技术创新的学术论文

智库机构以严谨的科学研究产出知识成果、影响决策，其中学术论文是知识成果的重要载体，在学术界起到知识传播和交流的作用。以具有世界知名度和影响力的农业智库中国社会科学院农村发展研究所为例，其近年来学术论文的发文量逐年上升，对其近年来发表学术论文的主题进行分析，可以发现出现最多的高频词是农民、影响因素、粮食安全等农业热点领域。该机构的高产作家有党国英、李国祥、张晓山等，文章多在国家社会科学基金和国家自然科学基金的支撑下完成。由此可见智库机构及专家对发表学术论文的重视，学术论文是智库机构重要的知识成果产出。

（4）重大科学技术创新的专著

专著同学术论文一样，是承载智库专家智库智慧和知识成果的重要载体。例如 2015 年中国社会科学院农村发展研究所和世界经济与政治研究所等中国社会科学院多家研究所联合研创了《国家智库报告》系列专著，主要包括《农地改革、农民权益与集体经济：中国农业发展中的三大问题》《"一带一路"战略：互联互通、共同发展；能源基础设施建设与亚太区域能源市场一体化》等9册智库专著成果，对于中国企业投资策略选择和政府政策制定具有指导作用。

（5）海内外农业领域顶尖刊物

为传播知识成果和政策倡议，中外各知名智库机构均办有自己的刊物。例如英国查塔姆社的研究出版物主要有两种：《今日世界》和《国际事务》。《今日世界》为双月刊，侧重于当前的国际问题，在国际上影响较大，已成为国际关系领域的顶尖杂志；《国际事务》则侧重于国际问题的回顾和综合。日本智库日本国际问题研究所主办的刊物《国际问题》只在日本国内发行，并采取JIIA会员有偿入会制度，仅对其入会会员进行一定权限的刊物提供服务，其中在2017年5月刊发的《国际问题》上，研究所还专门以"中国外交政策的最新发展"为名，对中国的外交政策做了详细解析；《俄罗斯研究》则对日本国内外发行，定价为3150日元。

（6）有影响力的会议PPT

会议PPT与学术论文、专著等公开发行的知识成果载体不同，具有内部交流、外界难以获取的特点，由于其对知识成果展示和交流的即时性特点，具有较高的科研情报价值。例如，英国查塔姆社经常举办政治活动论坛，邀请来英国访问的国外政治要客进行交流和演讲，以及召集成员进行秘密讨论会、小组年会等，这些在会议上进行内部交流的会议PPT和相关材料，具有较高的情报价值，但也因其内部交流性而具有难以公开获取的特点。

（7）博客文章

随着信息时代的发展，博客等网络媒体成了承载知识成果不可缺少的重要载体。例如国际粮食政策研究所、兰德公司以及食品、农业和自然资源政策分析网络等国际知名智库，除了在官方网站上公布其研究成果外，还经常在官网上发布博客文章，阐述自己的观点和政治见解，引导社会舆论、提高自身的影响力。

6.3.2.2 品牌影响力和知名度

不论在学术界还是民间，只要提到智库，想到最多的就是兰德公司，可见其建立的品牌效应和强大的社会影响力。无论是外界社会环境怎样变化，还是智库内部规模不断扩大，面对管理层面越来越多的挑战和困难，兰德公司成立多年而屹立不倒，并且在全球世界智库排名中始终名列前茅，这与其建立的品牌效应密不可分。兰德公司致力于公共利益，属于非营利性、无党派组织，"优质、客观"是其核心价值。兰德公司研究的独立性、彻底性和长期持续性，是其享有信誉和影响力的重要原因，其致力于为社会正义发声，以客观严谨的研究态度为基本原则，以客观高质量的研究成果来显示自身的公正，从而赢得政府的信任和社会的支持。一家公司的生存同个人一样，往往信誉要重要于能力，否则从何谈到可持续发展。

6.3.3　管理创新

从组织形式和机构属性上看，中国国家级农业智库既可以是具有政府背景的公共研究机构，也可以是不具有政府背景或具有准政府背景的私营研究机构；既可以是营利性研究机构，也可以是非营利性机构。从国内外农业智库建设经验来看，组织机构设置大多按照行政辅助和研究机构两大类型进行划分，行政辅助机构对研究机构起到条件支撑的作用，研究机构基本都按照智库的不同研究领域进行设置。兰德公司的科研部门包括行为与政策科学部、国防与政策科学部、社会学与统计学部和工程与应用科学部四个研究单位，以上四个研究单位统称兰德公司全球研究智囊团。马萨诸塞大学阿默斯特分校农业、粮食与环境研究中心设置的研究机构中，专门建有农业咨询委员会中心，该中心由来自相关机构、行业和大学的 18 名咨询专家组成，每年两次向中心提供关于政策研究和推广的咨询方案。

广泛的案例分析结果显示，目前国内外典型智库的管理方式主要有三种：理事会管理制度、国家部委直接领导和民间合作联盟。国外大多智库机构施行的是理事会管理制度，例如兰德公司、国际食物政策研究所、查塔姆社、日本国际问题研究所、韩国发展研究院等。我们可以学习国内外先进的管理经验，实行理事会管理制度，根据管理需要，设立主席、理事会、委员会、会员。为保证研究结果的客观性和公正性，集约社会资源，主席可设置多个席位，人选可分别来自学术界、政府、企业等不同相关组织机构。理事会成员可以从会员中择优选出，理事会下同时设置施行不同功能的财政委员会、投资委员会等。另可设有学术咨询委员会，从中国国家级农业智库的建设发展、实施科学研究到政策咨询服务，提供智力支持和渠道。

6.3.4　制度保障

从各国农业智库的发展实践来看，农业智库发展的方向与本国政府提供的法律保障息息相关。美国智库在美国《所得税法》保障下实施捐款免税制度，在美国《政府绩效与成果法案》和《绩效与成果现代化法案》要求下的实施管理和评估制度；英国查塔姆社在美国《所得税法》保障下实施捐款免税制度，在英国《皇家宪章》要求下实施管理制度；另英国查塔姆社、国际粮食政策研究所以及食品、农业和自然资源政策分析网络都在智库机构内部设置有自己的管理办法和规章；日本国际问题研究所在日本《公益法人认定法》保障下实施团体自治和税收优待制度。

我国政府对智库建设的重视程度逐渐提高，提供了智库建设的良好氛围，而且提高资金支持力度，实施国家高端智库试点工作，提高智库研究的课题资助比例，这些都为农业智库的发展实践提供了有效的指导和支持。近年来，国家先后发布了《关于加强中国特色新型智库建设的意见》《中国特色新型高校智库建设推进计划》《国家高端智库建设试点工作方案》《国家高端智库管理办法（试行）》和《国家高端智库专项经费管理办法（试行）》，这些意见或计划的发行，足见我国政府推进智库建设事业的决心。但除了《关于加强中国特色新型智库建设的意见》，其他几条方案都是专门针对国家高端智库或高校智库的，这样的问题在于只有被国家遴选进高端智库试点名录的或属性上属于高校型智库的智库机构，才有机会享有相应的制度办法的保障，特别是《国家高端智库管理办法（试行）》，其设置了高端智库与中央制度之间直接建言沟通的制度，这保障了高端智库的快速发展，然而对于未被遴选入高端智库名录但基础很好的智库来说，却没有相应的法律保障，从而制约了其发展。而且，目前我国对国家级农业智库建设还没有出台正式的建设相关的法律法规，这使中国国家级农业智库的建设进程存在着难以预见的风险，因此国家应围绕组织管理、科研管理、资金管理、人才管理、合作交流、宣传推广等多方面出台相关法律制度进行保障（图6-6）。

智库不同于一般的学术研究机构和参考咨询机构，其与一般机构的服务

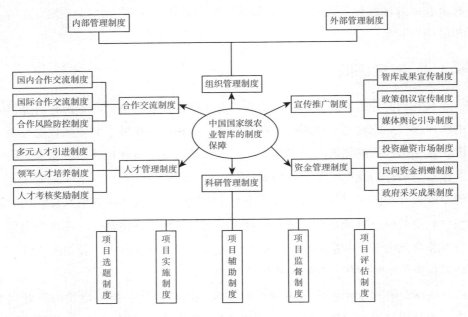

图 6-6　中国国家级农业智库建设的制度保障体系

对象、产出成果、运作机制不同，其在决策需要、产业发展、科技进步、国际竞争的驱动下，通过具有全球视野的科学研究，实现决策咨询、科学研究、舆论引导、人才培养、知识传播等重要功能。同时，我们在本文 5.1 小节中对中国国家级农业智库自身特征进行分析后发现，农业智库因具备农业行业自身特征，与一般类型的智库又具有区别。中国国家级农业智库，除了智库通用的特征之外，由于其同时具备国家高端定位和农业生产与农业科研特点，还具有国家战略性、定位高端性、农业基础调研性和长期跟踪性、创新灵活性、国际视野性、农业弱质性和公益性特征。

关于科研管理中的项目评估制度，可考虑从内部项目质量管控的角度，应用层次分析法和模糊评价模型建立评估指标体系，结合第三方评价，对中国国家级农业智库的建设情况以及其智库成果进行质量评估把关。关于一级指标选择，可依据 6.1 小节中分析出的中国国家级农业智库的功能作用，选择农业发展战略咨询能力、农业科学技术创新能力、农业公众舆论引导能力等作为一级指标。考虑到智库对政府的互动行为是多次重复的，因此智库的建设发展过程应该是可持续的，并且吸取国际上农业智库建设的失败教训，另外选择可持续发展能力作为一级指标。

可持续发展能力是指机构在追求长久生存与永续发展的过程中，在相当长的时间内保持稳健成长的能力。例如，成立于 2005 年的在澳大利亚国内最具有影响力的气候类智库机构——澳大利亚气候研究所的首席执行官约翰·康纳（John Connor），于 2017 年 3 月 10 日宣布，气候研究所是一家非营利性组织，在一个主要的长期捐助者停止其资助后，由于缺乏资金，气候研究所将于 2017 年 6 月关闭（Reese，2017）。气候研究所 2005 年成立以来，在澳大利亚的气候政策制定中起到了重要的主导作用，它曾经在 2008 年成功推动了澳大利亚联邦可再生能源目标的扩张，帮助澳大利亚国会在 2011 年通过了碳定价计划，并帮助私营企业减少碳排放；它还曾经对澳大利亚公众对气候变化的态度进行了长时期的跟踪调查。该研究所的影响力曾经甚至超出了澳大利亚国内范围：当中国政府决定追求本国碳定价的主动权时候，澳大利亚气候研究所帮助中国政府制定了碳定价方案模板。然而，由于最近澳大利亚国内的政治热点转向了石油，潜在的智库支持者也转向投资石油相关领域，故气候研究所因为难以满足政府的需求，很难争取到支持者，导致资金缺乏，研究所不得不宣布于 2017 年 6 月关闭。

关于二级和三级指标选择，可依据 5.2 小节中影响因素遴选结果提出初步的分析指标，遵守评价指标体系构建的分层对象不能太多、分层不能过于复杂的操作性原则，即简单易操作性原则，依据第五章中对中国国家级农业智库建设影响因素的具体分析，考虑进国家级农业智库的自身特征及功能定位，以及指标考核内容的数量体现性与质量体现性，从数据可得性出发，建立评价指标体系。当然，该指标体系只是基于本书理论分析提出的初步构建设想，未曾应用实际机构对其科学可用性进行验证，因为本书的研究重点并非中国国家级农业智库评价，因此本部分内容课题组拟作为后续研究内容，进行深入分析，此处不加以详细分析。

6.4 中国国家级农业智库建设的对策建议

6.4.1 考虑成果收益，瞄准全球农业科技发展前沿进行选题

国家级农业智库建设是贯彻落实党的十九大精神、立足新时代、谋划乡

村振兴战略新篇章的重要举措（唐华俊，2018）。中国国家级农业智库是面向国家发展战略需求服务的，因此需要聚焦国家农业战略问题，以坚持服务国家战略需求为己任，致力于解决我国农业农村发展中的战略性、前沿性的重大农业科技问题，在农业科技创新、农业产业服务、农业决策人才培养方面发挥重要的功能作用。与其他智库不同，中国国家级农业智库由于其服务对象和功能定位的特殊性，应针对农业农村发展的重大问题，开展深入调查与研究，聚焦我国农业战略问题，特别是乡村振兴战略问题，服务国家农业发展战略需求，提高为中央科学决策服务的智力水平。

同时，本书通过分析发现，我国农业智库的研究选题基本都限于国内问题，没有扩大到全球范围，同时科研选题的交叉性比较少，这与国际知名智库存在着差距。只有放眼全球，才能深刻认识全球农业科技发展趋势，判断国际农业政策走向，进而通过科学研究，把握我国农业发展的科学战略布局，遵循"服务决策、适度超前"的原则，指导中国国家级农业智库建设。

6.4.2 认清农业弱质性，注重中长期农业政策战略问题研究

农业领域作为我国的基础性研究领域，波及领域广、成果转化时间长、科研工作周期长。国家级农业智库既具备农业行业自身特征，又辅助国家农业发展战略政策参考咨询，推动农业科学技术创新。农业政策的制定离不开对农业发展状况的正确判断预测，以及对农民需求信息的一手调研。农业生产因不同地区的自然条件、社会经济技术条件和政府政策差别大而具有地域性特点，同时因为动植物的生长发育具有一定的规律，且受到季节变化等自然因素影响，农业科研具有长期性、周期性、地域性等特点。同时，农业是弱质产业，是国民经济的薄弱环节，近年来随全球气候变化，我国自然灾害呈现频发多发态势，农业生产受到地震、台风、水旱等自然灾害，以及"冷夏""暖冬"和暴雨、冰雹等气候突变这些偶然因素的影响。因此，由于农业生产的自身特征，在满足国家当前亟须的应激性决策咨询时，中国国家级农业智库机构需要注重中长期农业政策战略问题研究。同时，政府机构在对农业智库机构进行评估时，也应认识到农业科研的特殊性，支持长期性战略政策研究，容许失败，以农业决策咨询、农业政策分析、农业政策评估等方式，鼓励农业科研机构充分发挥农业决策人才优势。

6.4.3　均衡专家配置，培养农业政策与分析领域的领军人才

从我国农业智库的发展历程来看，农业智库建设的起源是辅助政府破解"三农"问题，促进国家农业现代化建设进程。例如，2015 年 12 月，农业部成立专家咨询委员会，汇聚了来自不同领域的高水平专家，其重点目标是解决"三农"问题，是直接面向国家服务的农业智囊团。对国内知名农业智库的研究领域进行分析可以发现，其大多是按照不同的农业领域问题设置的研究方向。例如，中国科学院农业政策研究中心根据研究领域的不同设有四个研究团队：资源环境政策、城乡协调发展和反贫困、农业科技政策、农产品政策分析和决策支持系统。在服务国家农业发展战略的同时，国家级农业智库还具有农业科技创新的功能作用，其研究重点不仅关注我国农业发展问题，也关注世界农业科技前沿问题。目前，在众多国内农业智库中，中国农业科学院农业信息研究所是国内为数不多的农业情报分析智库，它每年举办中国农业展望大会，发布全球农业研究发展态势分析报告，辅助国家进行农业科技发展布局，力争实现以战略科学咨询支持国家科学决策，以国家科学决策引领农业科学发展的战略目标，在国内外农业领域形成了较好的学术影响力。从中国国家级农业智库整体发展布局上来讲，应该均衡各研究领域的农业智库类型，在注重农业经济类智库建设的同时，认识到农业科技智库的重要性，均衡农业科技领域智库在中国国家级农业智库中的比例，均衡各学科专家配置，注重培养农业政策与农业分析领域的领军人才。

6.4.4　监督成果质量，结合使用第三方评价与机构内部评价

纵观国外知名农业智库机构，大多在机构内部设置有对自身成果进行评价的机构和标准。例如，USDA-ARS 专门设有科学质量评价办公室，负责项目质量评估。IFPRI 在所长办公室下设有专门的影响力评价部门，主要从三个方面实施对 IFPRI 战略目标实现情况的评估工作：第一，确定评估标准，主要评估已有的研究成果对国际和国家级层面政策决策制定过程的影响；第二，开发评估方法，关注从研究项目开始到结束的不同阶段，不断开发具有实践指导性、适合研究进行所在不同阶段特征的、更合理的评估方法；第三，发布评估成果，评估过程设立委托外部专家监督机制，内部和外

部评审结果在 IFPRI 研究会中对所有员工公示，最终的评估成果以论文、简报、书籍或报告的形式在 IFPRI 官方网站公布。兰德公司也设有内部科研项目审查机制，其科研成果质量评估标准为：项目研究目的应是明确的，研究方法应是可行的，对研究相关领域应是了解的，研究所用数据和信息应是最佳的，研究结果应能促进知识发展和解决重要政策问题，启示及建议应是合乎逻辑的、具有可操作性的，文档应准确易懂、结构清晰、语气温和，研究应是令人信服的、对利益相关者和决策者有价值的，研究应该是客观的、独立的、平衡的。

目前我国现有的智库评价体系都为第三方机构评价，即除却智库机构和政府机构以外的第三方机构对智库机构的评价，且大都聚焦影响力评价，即对智库效用、效果进行评价。国内比较著名的智库影响力评价体系有上海社科院的《中国智库报告》，中国社会科学院的《全球智库评价报告》，以及南京大学与光明日报联合发布的《全球报告来源智库 MAPA 测评报告》。与国外知名智库相比，我国农业智库机构本身少有设立项目评估或成果评估部门，缺乏智库质量评估标准。我国农业智库应在第三方评价的基础上，在机构内部建立能够指导机构自身的管理实践、监督项目运行与成果质量的估标准和机制，辅助其评估国家级农业智库建设进行情况，使得不同机构能够根据自身评价结果发现不同方面的问题，从而扬长避短地根据自身实际情况推进智库建设进程。同时，结合第三方评价与机构内部自身评价，可以使中国国家级机构在对自身成果质量进行监督评价的同时，客观认识到自身与其他机构之间的差距，这对借鉴成功经验、寻找合作伙伴具有指导意义，也对政府机构对各家的支持政策选择具有借鉴意义。

6.4.5 设立专项工作经费，多元化企业捐赠等社会资金来源

国际成熟智库资金来源比较多元，有政府支持、基金会捐款、个人捐款和出版收入等，其智库官方网页平台上大多设有个人捐款窗口，以接受社会各界人士对智库机构的捐款。美国大多数智库根据《所得税法》注册为免税的非营利性机构，因此享受免税的优惠政策，社会对农业智库的捐赠也享受免税待遇。为了获得免税资格，它们不得公开支持或者反对任何政治派别。同时，美国法律对智库游说政府获取经费支持的预算支出比例有明确的规定

和限制。例如，作为一个非营利性的科学研究组织，布鲁金斯学会依照美国税法第 501（c）（3）的有关规定享受受捐免税待遇。因此布鲁金斯学会每年都会公布自身的收入和支出明细，做到财务透明，便于捐赠者监督。

通过调查分析得知，我国具有官方背景的农业智库的资金来源比较稳定，多为项目支持和政府拨款，所以多数智库机构的管理者认为专家是影响其自身发展的关键因素，而不是资金，但与发达国家智库广泛多元的资金来源相比，其还存在着来源化单一、使用不够灵活的缺点。2016 年，全国哲学社会科学规划领导小组出台《国家高端智库专项经费管理办法（试行）》，在高端智库资金管理方面实现了突破和创新，明确提出可开支人员聘用经费和奖励经费、各类经费开支均不设比例上限、按"负面清单"思路提出专项经费开支范围等，这些制度创新为扩大智库内部治理自主权、提高资源配置效率提供了资金管理制度保障，受到高端智库试点单位欢迎。在取得资金管理创新突破的同时，我们也应认识到，只有入围国家高端智库试点单位的25 家智库机构才有权使用该经费管理办法和制度，而国内目前并未建立起像欧美一样的捐赠免税法律制度。2016 年，中国人民大学国家发展与战略研究院募集了 1 亿元国家高端智库研究基金，一部分用于保证该院的资金流动性，另一部分以母基金形式，注入资金运作，满足高端智库持续性发展需求。2018 年成立的高端农业智库——中国农业发展战略研究院，在其筹备工作方案中，明确规定了农业战略研究院经费可通过多种途径获得，包括：设立农业战略研究院专项工作经费，承担各种研究、咨询与培训项目，自然人、法人或其他机构和组织的捐赠，以及其他合法收入。其经费根据国家法律法规以及中国工程院、中国农业科学院有关规定进行财务管理，为中国国家级农业智库的经费管理提供了先行借鉴。可见设立专项工作经费、多元化企业捐赠等社会资金来源对保障中国国家级农业智库建设的重要性。

6.4.6　打造品牌影响力与知名度，赢取政府和社会各界信任

不论在学术界还是民间，只要提到智库，想到最多的就是兰德公司，可见其建立的品牌效应和强大的社会影响力。无论是外界社会环境怎样变化，还是智库内部规模不断扩大，面对管理层面越来越多的挑战和困难，兰德公

司成立多年而屹立不倒，并且在全球世界智库排名中始终名列前茅，这与其建立的品牌效应密不可分。兰德公司致力于公共利益，属于非营利性、无党派组织，"优质、客观"是其核心价值。兰德公司研究的独立性、彻底性和长期持续性，是其享有信誉和影响力的重要原因，其致力于为社会正义发声，以客观严谨的研究态度为基本原则，以客观高质量的研究成果来显示自身的公正，从而赢得政府的信任和社会的支持。一家公司的生存同个人一样，往往信誉要重要于能力，否则从何谈到可持续发展。

在欧美政治体系背景下，农业智库大多是独立于政府外存在的，这种独立性能保障其客观公正的政策分析立场，使其从国家全局利益出发，通过客观的研究形成严谨的研究成果，科学决策长期战略，针对解决短期问题。在美国民主政治中，国会议员往往仅考虑自身选区利益，而忽略了国家的全局利益，并且国会常因自身政治立场不同争执不下，从而导致政府立法环节的低效。因此，美国政府对于智库的客观科学决策能力的倚赖与日俱增，政府需要借助智库的专业性和中立性来加速法案的形成和通过。虽然现今的美国智库背后存在一些利益集团，这些利益集团需要通过智库发声来影响社会舆论、左右政府决策以保障自身利益，但大多数智库出于道德传统、社会舆论和美国法律的压力，还是会为社会正义发声，以客观严谨的研究态度为基本原则，打造品牌影响力与知名度，赢取政府和社会各界信任。

中国是社会主义国家，与欧美等国政治体制不同，我们要积极探索中国特色的新型智库发展道路和建设规律，在借鉴国际智库建设发展经验的同时，立足本国国情及现有智库的客观情况，有选择性地参考国际智库的建设经验，切实提出促进中国智库发展的对策建议思路。中国国家级农业智库有其明确定位，即为国家农业发展战略决策服务。中国国家级农业智库建设应在深刻认识现实复杂环境的条件下，同国际高端智库一样，通过发布高水平的智库成果、参与国际政治论坛、智库成果宣传等多途径打造品牌影响力与知名度，真正建设成为政府倚重、社会信任、国际认可的一流智库机构。

6.4.7 建立长效合作交流风险防控机制，合作国际高端智库

同业竞争是影响中国国家级农业智库建设的重要因素，同时，不同的高

端智库机构也是中国国家级农业智库建设所需要的合作资源，怎样处理同业竞合关系，是中国国家级农业智库建设需要分析的重要问题。参与合作交流的主体都希望在合作过程中获得利益最大化，因此合作交流个体之间的合作行为十分复杂，甚至会出现一方在合作交流中选择不作为的情况，从而导致合作资源流失、合作交流活动终止的现象。特别是面对国际合作时，中国农业智库机构既缺乏经验，又难觅机会，中国国家级农业智库与国外机构的合作交流在资源和机会共享的同时，也承受着政策不稳、海外资产等多重不确定因素带来的各类风险。

我们可以借鉴国际食物政策研究所的合作交流制度，使合作交流具有严格缜密的原则和制度，注重评估合作伙伴状态，包括识别潜在的合作机会与潜在的搭便车等合作交流风险和监督与评估合作伙伴的活动、绩效、成本及收益，以判断调整合作战略的动态变化。根据本文第五章中的博弈分析结果，只有引入合作交流奖惩机制，才能有效控制合作交流风险；同时只有建立完善的长效合作交流风险防控机制，合理分配合作交流主体之间的剩余权，才能解决资源投入不足和合作交流效率问题；应考虑对市场中的合作交流主体进行合并，合并的方式可以是合作交流中的甲方机构支付乙方机构报酬，将其成果买入，或是让乙方机构成为甲方机构的一个专门生产国家级农业智库成果中间产品的一个部门，这样甲方机构就在合作交流中占据了剩余控制权，从而使甲方机构通过直接监督乙方机构合作交流资源投入的方式，避免资源投入水平不足和智库成果质量不可证实的问题。

6.4.8 优化农业科研宽松自由环境，营造良好社会舆论氛围

美国农业部农业研究局、国际粮食政策研究所与食品、农业和自然资源政策分析网络等世界知名农业类智库，以及美国兰德公司、英国查塔姆社、日本国际问题研究所、韩国发展研究院等知名非农业类智库，其成功经验有注重科研质量和信誉、定位明确、注重能力及影响力建设、投入多元化资源、完善项目管理机制、注重宣传推广及合作交流、人才使用流动灵活、出台有具体的战略实施计划和相关法律制度等。这些世界知名智库的建设经验，为中国国家级农业智库建设的战略设计和政策选择提供了参考和借鉴。

　　同时，我们也应认识到，中国是社会主义国家，与欧美等国政治体制不同，我们要积极探索中国特色的新型智库发展道路和建设规律，在借鉴国际智库建设发展经验的同时，立足本国国情及现有智库的客观情况，有选择性地参考国际智库的建设经验，切实提出促进中国智库发展的对策建议思路。中国国家级农业智库建设客观存在着外在的政治法律环境、经济市场、社会文化环境和技术环境。从农业智库的发展历程来看，农业智库最早源于我国农业发展需要。中国国家级农业智库发展的政治基础来源于决策科学化和民主化，源于政府完善决策系统、提升政府"智商"的需求。经济市场环境和文化环境的发展，以及技术环境的变革，都影响着中国国家级农业智库的建设发展。只有深刻认识现实复杂的环境条件，明确服务国家农业发展战略需求的功能定位，才能够适应时代的发展，不偏移建设发展方向，真正实现中国国家级农业智库建设的方案目标。

　　宽松、自由的外部环境对智库发展至关重要，国家级农业智库的外部政治法律环境、市场经济环境、社会文化环境和技术环境，都与政府行为息息相关。从各国农业智库的发展实践经验来看，不同的智库机构都在一定程度上代表着各自利益，但只要建立适当的选择机制，政府就可以从众多代表不同利益的政策思想中做出合理的选择。中国国家级农业智库提供的产品是农业政策思想，是对政府的农业公共政策制定提出现实可行的建议，当然也包括对现有农业政策的修正意见。要取消对农业智库有形或无形的限制，只要不违反宪法和法律法规，农业智库机构可自由开展学术研究、进行学术交流、发表意见建议。政府应优化农业科研环境，只有在相对宽松的政治环境下，这些不同背景的农业智库才能积极发挥智力优势，为我国政府提供多元化的农业政策思想。同时，在对农业智库机构进行管理时，应给予农业智库机构科研经费使用、研究人员配置、管理制度制定等方面的相对独立性和自由度。媒体、企业、地方农业智库等中国国家级农业智库相关利益主体同政府一样，都是中国国家级农业智库成果与政策思想的需求方，需要各方机构共同为中国国家级农业智库的建设发展营造良好的社会氛围和舆论环境。尤其媒体在宣传报道智库成果时，要全面客观地反映智库的观点、评论和建议，不要将智库成果承载的思想政治化或形态化，这样整个社会才能推动中国国家级农业智库的可持续性发展。

6.5　本章小结

　　在我国政府的政策支持与鼓励下，中国智库数量正在逐渐增长，智库建设问题已经成为学术界研究和农业科研机构实践的热点，他们的工作为中国智库建设积累了宝贵的基础和经验。中国国家级农业智库通过围绕国家层面重大战略需求，聚焦国家发展进程中亟须解决的重大和热点农业问题，通过开展具备前瞻性、战略性与全球视野的农业领域科学研究，服务国家农业发展战略决策需求。中国国家级农业智库是中国特色新型智库建设的重要组成部分，急需寻找其建设发展的办法途径，以推进我国智库建设的总体进程。因此本章基于以上章节的理论研究和实证研究分析结果，构建中国国家级农业智库建设的内容框架，并提出对策建议，为中国国家级农业智库建设实践提供理论依据和方案蓝图。

　　研究发现，中国国家级农业智库的目标定位应该是服务国家农业发展战略，推动全球农业事业发展。中国国家级农业智库的功能任务包括海内外农业数据资源采集、国家农业发展战略决策咨询、农业领域重大科学技术创新、农业公众舆论引导、高层次农业决策人才培养、地方农业智库引领。本章构建的中国国家级农业智库建设框架模型揭示了中国国家级农业智库概貌及其建设内容，即中国国家级农业智库在乡村振兴战略布局、农业产业发展、农业信息科技进步、国内外智库竞争的驱动下，通过具有全球视野的科学研究，实现农业发展战略决策咨询、农业重大科学技术创新核心功能。成熟的中国国家级农业智库应该具备农业领域领军人才、高质量的农业智库成果、先进的农业信息技术、广泛的资金来源、品牌影响力、合作交流网络等核心资源，并具备国家战略性、农业调研性和长期性、农业弱质性和公益性、创新灵活性等特点。建设一家能够充分发挥功能作用、实现其发展目标的中国国家级农业智库机构，应该从功能定位、资源投入、资源产出、管理创新、制度保障等几个方面进行。根据中国实际情况和中国国家级农业智库的目标定位，其建设的根本原则应该是服务决策、适度超前。

　　中国国家级农业智库的具体建设对策有：考虑成果收益，瞄准全球农业科技发展前沿进行选题；认清农业弱质性，注重中长期农业政策战略问题研究；均衡专家配置，培养农业政策与分析领域的领军人才；监督成果质量，结合使用第三方评价与机构内部评价；设立专项工作经费，多元化企业捐款等社会资金来源；打造品牌影响力与知名度，赢取政府和社会各界信任；建立长效合作交流风险防控机制，合作国际高端智库；优化农业科研宽松自由环境，营造良好社会舆论氛围。本章研究基于以上章节的理论研究和实证研究分析结果，构建了中国国家级农业智库建设的框架模型，提出了中国国家级农业智库建设的对策建议，为中国国家级农业智库建设实践提供了具体可行的理论指导，回答解决了本研究初始所提出的科学问题。

第七章 结论与展望

7.1 研究结论

中国国家级农业智库围绕国家重大战略需求，通过开展前瞻性、针对性、储备性的农业政策研究，辅助我国政府对农业政策的科学制定，是中国特色新型智库建设的重要组成部分。本书在吸收学术界有关理论成果的基础上，对中国国家级农业智库的建设问题进行研究，以期在丰富智库建设学术理论的同时，对中国国家级农业智库建设的规划和实施有所裨益。首先，选择国际典型成功案例，分析总结其建设特点和经验；其次，通过中美农业智库建设对比分析，发现中国农业智库建设中存在的问题；再次，基于博弈论，分析中国国家级农业智库建设的主要影响因素；最后，基于案例分析和理论分析结果，构建中国国家级农业智库建设框架，并提出促进中国国家级农业智库建设的政策建议。本研究一方面将作为理论研究为相关领域科研提供思路，特别是农业科研机构评估、农业情报分析、政府公共决策等领域；另一方面将对我国国家级农业智库建设提供政策支持和实践参考，为我国智库整体建设水平助力，进而提高我国对具有重大战略性农业政策的科学制定能力。本书通过开展相关研究，取得了以下结论和成果：

（1）国内外典型智库建设的案例研究

如何学习智库建设的成功经验、结合我国国情和现实需要，是中国国家级农业智库当前需要考虑的重要问题。现有国外相关学术文献中关于不同专业类型智库的研究，较多集中在对健康类智库的研究，而缺少对农业类智库的专门研究；国内关于农业智库方面的研究，大多从宏观角度探讨农业型智库建设的政策选择问题，进行实例分析和案例定量分析的比较少。第三章在文献分析和专家咨询的基础上，从翔实的案例分析入手获得有参考价值的数据，利用典型案例，采用案例分析法，分析国内外智库的行为、发展特点、运行机制，总结经验，发现问题。在我国部分，根据全球智库报告 2016 智库排名情况、2016 中国智库名录、2015 国家高端智库试点名单以及智库机构的国内外知名度，选择我国智库的建设成功典型案例进行分析。考虑到研究对象对我国的借鉴意义，本研究又依据在全球范围内影响最广的宾夕法尼亚大学的《全球智库报告》，根据其国际知名度及与中国农业科研机构合作交流情况，从美国、英国、韩国、日本、非洲南部等充分选择案例样本。案例中不但包括国际食物政策研究所等农业类智库，还遴选了兰德公司、查塔姆社等非农业类智库建设的成功案例，对其运作特点进行分析，并对中外智库建设的基本情况和方案战略进行对比分析，进而从其他国内外各类型智库的建设经验上，获得对中国国家级农业智库建设的借鉴意义。

研究发现，中国社会科学院农村发展研究所、国务院发展研究中心农村经济研究部等都是具有国际影响力的中国典型智库，其在我国政府政策的大力支持下，积极推进本领域新型智库事业建设，为中国政府的科学化、民主化决策起到了重要的推动作用，其智库建设经验也为中国农业智库的建设起到了引领和示范作用。通过对国内外智库建设情况多方面对比分析，可总结出国内外典型智库建设战略经验为：功能定位具有全球视野；类型构成逐渐多元化；人才使用机制灵活；资金来源渠道广泛；注重成果质量评价；注重合作交流与宣传推广，法律制度保障完善。

（2）中美农业智库建设的比较研究

具有代表性的案例和可靠的数据是进行研究的前提，也是保证研究结论科学的基本要求。客观分析中国农业智库的建设现状并发现问题，是中国农业智库建设当前需要首要考虑的。现有国外相关学术文献中关于不同专业类型智库的研究，较多集中在健康类智库的研究，而缺少对农业类智库的专门研究；国内关于农业智库方面的研究，大多从宏观角度探讨农业型智库建设的政策选择问题，进行实例分析和案例分析的比较少。因此，第四章首先对全球智库建设现状和中国农业智库建设现状进行描述性分析，然后根据全球智库报告 2016 智库排名情况、2016 中国智库名录、2015 国家高端智库试点名单以及智库机构的国内外知名度，在文献分析和专家咨询的基础上，选择中美两国农业智库建设的典型案例进行对比分析，以从翔实的案例分析入手获得有参考价值的数据，进而分析中国农业智库建设的现状和存在的问题。

研究发现，全球智库数量逐步增长，美国、英国、中国、德国、印度的智库数量分别位居全球智库数量排名的前五名。随着我国政府对智库建设的注重和一系列智库建设办法意见出台，中国农业智库的数量也在逐渐增长，其类型构成丰富，规模适中，专家资源分配不均，地域分布多集中在北京、上海两地，呈现出区域差异性。同时，与美国等发达国家农业智库相比，现阶段中国农业智库建设存在具有国际高影响力的农业智库缺乏、关注科技创新领域的农业智库较少、农业政策分析学科专家人才较缺乏、研究选题缺乏全球视野与交叉性、资源投入缺乏多元化与灵活性、缺乏智库成果质量评估标准、缺乏相关法律制度保障等问题。

（3）中国国家级农业智库建设的影响因素研究

以往文献中关于农业智库方面的研究，大多从宏观角度探讨农业型智库建设的政策选择问题，而缺少对国家级农业智库影响因素的深入理论分析，导致研究结论各异，相关理论研究方法体系也仍有很大的改进空间。本研究从第四章分析得出的中国农业智库建设中的问题出发，根据案例分析结论，首先基于管理学领域的沃纳菲尔特的资源基础理论和竞争力理论，借鉴波特钻石模型，并考虑中国国家级农业智库的自身特点，在已有研究成果的基础上，构建中国国家级农业智库建设影响因素模型。其次，以博弈论为研究理论基础，对高质量农业智库成果与政府支持、农业智库成果总产出与企业技术支撑、中国国家级农业智库竞争合作的博弈关系分别进行建模分析并求解，以从全新视角研究制约中国国家级农业智库建设的主要因素和矛盾。

研究发现，中国国家级农业智库除了具有一般智库通用的特征之外，还具有国家战略性、定位高端性、农业基础调研性和长期跟踪性、创新灵活性、国际视野性、农业弱质性和公益性特征。中国国家级农业智库建设的主要影响因素有：国家需求，政府行为，资源要素（高层次农业专家、海内外农业数据、合作交流对象等），农业信息技术，同业竞争，机遇（偶然）因素。根据影响因素模型，中国国家级农业智库建设过程中的博弈问题，主要是高质量农业智库成果与政府支持、农业智库成果总产出与企业技术支撑、中国国家级农业智库机构间竞争合作的博弈问题。只有当政府对国家级农业智库成果评价高于国家级农业智库机构对自身成果的评价时，政府才能接受国家级农业智库的高质量成果，使国家级农业智库功能得以充分发挥，达到两者的博弈均衡；当考虑进成果总收益，会出现农业信息技术支撑国家级农业智库研究的纳什均衡；在完全契约条件下，只有引入合作交流奖惩机制，国家级农业智库机构间的博弈才会出现纳什均衡，在不完全契约条件下，不同国家级农业智库机构间的博弈问题主要是谁主导剩余权的问题。这说明作为国家级农业智库机构，一方面需要提高自身的科技创新能力和参考咨询能力，提高智库成果的质量；另一方面需要加强同相关机构之间的合作交流与舆论宣传，对智库成果进行宣传，提高成果的影响力和知名度。作为政府机构，需要加强对国家级农业智库机构的支持力度和相关保障制度建设。

(4) 中国国家级农业智库建设框架与对策建议

在我国政府的政策支持与鼓励下，中国智库数量正在逐渐增长，智库建设问题已经成为学术界研究和农业科研机构实践的热点，他们的工作为中国智库建设积累了宝贵的基础和经验。中国国家级农业智库通过围绕国家层面重大战略需求，聚焦国家发展进程中亟须解决的重大和热点农业问题，通过开展具备前瞻性、战略性与全球视野的农业领域科学研究，服务国家农业发展战略决策需求。中国国家级农业智库是中国特色新型智库建设的重要组成部分，急需寻找其建设发展的办法途径，以推进我国智库建设的总体进程。基于理论研究和实证研究分析结果，构建中国国家级农业智库建设的内容框架，并提出对策建议，为中国国家级农业智库建设实践提供理论依据和方案蓝图。

研究发现，中国国家级农业智库的目标定位应该是服务国家农业发展战略，推动全球农业事业发展。中国国家级农业智库的功能任务包括海内外农业数据资源采集、国家农业发展战略决策咨询、农业领域重大科学技术创新、农业公众舆论引导、高层次农业决策人才培养、地方农业智库引领。第六章构建的中国国家级农业智库建设框架模型揭示了中国国家级农业智库概貌及其建设内容，即中国国家级农业智库在乡村振兴战略布局、农业产业发展、农业信息科技进步、国内外智库竞争的驱动下，通过具有全球视野的科学研究，实现农业发展战略决策咨询、农业重大科学技术创新核心功能。成熟的中国国家级农业智库应该具备农业领域领军人才、高质量的农业智库成果、先进的农业信息技术、广泛的资金来源、品牌影响力、合作交流网络等核心资源，并具备国家战略性、农业调研性和长期性、农业弱质性和公益性、创新灵活性等特点。建设一家能够充分发挥功能作用、实现其发展目标的中国国家级农业智库机构，应该从功能定位、资源投入、资源产出、管理创新、制度保障等几个方面进行。根据中国实际情况和中国国家级农业智库的目标定位，其建设的根本原则应该是服务决策、适度超前。

中国国家级农业智库的具体建设对策有：考虑成果收益，瞄准全球农业科技发展前沿进行选题；认清农业弱质性，注重中长期农业政策战略问题研究；均衡专家配置，培养农业政策与分析领域的领军人才；监督成果质量，结合使用第三方评价与机构内部评价；设立专项工作经费，多元化企业捐款等社会资金来源；打造品牌影响力与知名度，赢取政府和社会各界信任；建立长效合作交流风险防控机制，合作国际高端智库；优化农业科研宽松自由环境，营造良好社会舆论氛围。基于理论研究和实证研究分析结果，构建了中国国家级农业智库建设的框架模型，提出了中国国家级农业智库建设的对策建议，为中国国家级农业智库建设实践提供了具体可行的理论指导，回答解决了本研究初始所提出的科学问题。

基于以上实证研究和定性分析结果，本章进一步对全书研究工作进行了总结，并对未来的研究前景进行了展望。

7.2　展望

第一，本研究对中国国家级农业智库资源要素构成，以及专家人才等重要的资源投入配置进行了一定程度的研究。但是在研究中发现，我国各类智库在研究领域、研究内容上重复、交叉、雷同现象严重，而不同类型和不同级别智库之间的合作和交流普遍较少，这样造成了资源的浪费和工作效率的低下。同时农业数据零散庞杂，各类学科之间的交织渗透也在日益增加，整合智库资源势在必行，因此，后续拟定对中国国家级农业智库的资源整合问题进行深入分析。

第二，本研究对影响中国国家级农业智库建设的因素进行了一定程度的分析，但限于中国智库参与政府政策制定过程情况的信息获取渠道非常有限，研究得出的相关产业等因素的影响机理也比较有限。随着 2015 年国务院发布《促进大数据发展行动纲要》，以及 2017 年 6 月我国《中华人民共和国政府信息公开条例（修订草案征求意见稿）》的正式发布，相信受数据获取制约的研究问题将逐步得以破解。课题组拟定在后续研究中，采用系统动力学的方法，利用软件进行计算机模拟仿真，提出多因素约束条件下的优化算法深入分析相关产业等各影响因素的相互关系及作用机理。

陈丽娜，2016. 农业部组建高端智库——专家咨询委员会［J］. 农村工作通讯（1）：54 -
    55.

陈升，孟漫，2015. 智库影响力及其影响机理研究——基于 39 个中国智库样本的实证研
    究［J］. 科学学研究，33（9）：1305 - 1312.

陈永杰，张永军，姜春力，等，2015. 八大措施促新型智库体系建设［N］. 经济参考
    报，1 - 23.

陈祖琴，苏新宁，2014. 基于情景划分的突发事件应急响应策略库构建方法［J］. 图书
    情报工作（19）：106 - 110.

谌建章，2017. 智库对话特色产业是发展县域经济的突破口［J］. 科技创新与品牌（6）：
    19 - 20.

初景利，吕青，2016. 以专业性和独立性打造智库知名品牌［J］. 智库理论与实践（1）：
    126 - 130.

邓大才，2016. 顶天立地引跑中国农村发展高端智库［J］. 中国高等教育（8）：11 - 12.

丁全利，2017. 努力建设研究实力强运行机制活成果质量高决策影响大的国家高端智库
    ［N］. 中国国土资源报，03 - 03.

丁元竹，2016. 建设智库要发挥媒体影响力［J］. 前线（9）：12 - 13.

杜贵宝，2015. 国家级智库的特质与转型期中国智库的建设路径［J］. 扬州大学学报
    （人文社会科学版）（3）：55 - 58.

郭丽丽，2008. 博弈论在应急管理资源配置中的应用［D］. 北京：北京交通大学.

侯经川，赵蓉英，邱均平，2013. 国外思想库的四大制度保障［J］. 中国信息导报（8）：
    18 - 19.

黄海波，2017. 美国高校高端智库建设有何成功经验［J］. 人民论坛（10）：23 - 25.

贾宇，张胜，王斯敏，等，2016. 立足高端，服务决策，引领发展［N］. 光明日报，
    12 - 01.

李安芳，王晓娟，张屹峰，等，2010. 中国智库竞争力建设方略［M］. 上海：上海社会
    科学院出版社.

李彩霞, 2017. 国家高端智库微信公众号的运营策略优化 [J]. 广东技术师范学院学报 (6): 83-89.

李刚, 黄松菲, 2016. 2015 年度智库研究重要成果 [N]. 光明日报, 01-13 (15).

李纲, 李阳, 2015. 情报视角下的智库建设研究 [J]. 图书情报工作, 6 (11): 36-41.

李伟, 2015. 深化体制机制改革, 建设高质量中国特色新型智库 [N]. 光明日报, 01-22 (12).

李秀枝, 2011. 对建立农业信息智库的思考 [J]. 绿色科技 (8): 200-202.

李雪, 2017. 以体制机制改革支撑国家高端智库建设 [J]. 经济师 (1): 6-7.

李轶海, 2010. 国际著名智库研究 [M]. 上海: 上海社会科学院出版社.

梁丽, 李晓曼, 2017. 中国国家级农业智库能力体系构成及其制度保障 [J]. 梁晓贺, 等译. 农业展望 (9): 80-86.

梁丽, 孙巍, 张学福, 2016. 基于信息可视化的动物资源育种领域研究态势分析 [J]. 中国农学通报 (5): 155-164.

梁丽, 张学福, 2015. 智库研究及其发展趋势可视化分析 [J]. 沈阳农业大学学报 (9): 385-390.

梁丽, 张学福, 2016a. 美国农业智库组织结构、运作机制及启示 [J]. 中国农村经济 (6): 81-92.

梁丽, 张学福, 2016b. 图书情报机构的智库竞争力研究进展分析 [J]. 图书馆 (6): 74-80.

梁丽, 张学福, 2016c. 中美农业智库行为比较研究 [J]. 情报杂志 (10): 26-31.

梁丽, 张学福, 2018. 特定学科热点和前沿主题研究方法实证分析 [J]. 图书馆杂志 (1): 19-26.

刘峰, 2016. 新型高校智库建设中的实然困境与破解路径思考 [J]. 高校教育管理, 10 (6): 23-25.

刘延东, 2013. 发挥高校独特优势, 为建设中国特色新型智库贡献力量 [N]. 光明日报, 05-31 (11).

陆红如, 陈雅, 梁颖, 2017. 国内外智库研究热点定量分析语境下的我国智库评价体系构建研究 [J]. 图书馆 (1): 9-16.

邱均平, 汤建民, 2016. 中国智库理论研究的最新进展与趋势 [J]. 重庆大学学报社会科学版, 22 (2): 119-124.

任继周, 马志愤, 梁天刚, 等, 2017. 构建草地农业智库系统, 助力中国农业结构转型 [J]. 草业学报, 26 (3): 191-198.

宋琍琍，2017. 高端智库如何应用新媒体精准传递中国声音［J］. 新闻研究导刊（8）：218-218.

托马斯·戴伊，2002. 理解公共政策［M］. 北京：华夏出版社.

万劲波，2016. 完善国家科技创新决策咨询制度［N］. 光明日报，06-08（16）.

王春法，2017. 关于好智库的12条标准［J］. 智库理论与实践，2（1）：2-7.

王辉耀，2016. 如何打造中国特色智库人才"旋转门"［N］. 光明日报，10-19（16）.

王辉耀，苗绿，2014. 大国智库［M］. 北京：人民出版社.

王健，2015. 中国当代智库竞争力的现状评估及深化转型的路径［J］. 中国党政干部论坛（1）：12-15.

王将君，2014. 苏州信息化与现代农业发展研究——基于农业智库资源的整合与共享视角［J］. 农村经济与科技（10）：13-17.

王莉丽，2014. 提升中国智库核心竞争力［N］. 学习时报，11-10（6）.

王星，张灵，2017. "一带一路"对地方农业院校战略发展分析［J］. 农村经济与科技，28（2）：290-292.

王延飞，闫志开，何芳，2015. 从智库功能看情报研究机构转型［J］. 情报理论与实践，38（5）：1-4.

王知津，2013. 基于情景分析法的技术预测研究［J］. 图书情报知识（5）：116-122.

魏晓文，武爽，2017. 西部农业特色产业智库对话与合作［J］. 科技创新与品牌（6）：8-10.

夏春海，王力，2013. 中美智库的外部环境因素对比研究［J］. 前沿（1）：7-9.

夏立新，蔡昕，石义金，等，2014.Web生活服务信息的组织与可视化研究［J］. 现代图书情报技术，30（4）：85-91.

夏清华，2002. 从资源到能力：竞争优势战略的一个理论综述［J］. 管理世界（4）：109-114.

徐晓虎，陈圻，2014. 基于神经网络模型的地方智库竞争力评估——以江苏淮安地方智库为例［J］. 研究与发展管理，26（3）：32-40.

许宝健，2014. 即将关门的农业智库［N］. 中国经济时报，10-15（5）.

杨亚琴，李凌，2016. 构建中国特色新型智库评价体系［N］. 文汇报，01-28（11）.

曾大军，曹志冬，2013. 突发事件态势感知与决策支持的大数据解决方案［J］. 中国应急管理（11）：15-23.

曾菡，2017. 中国高端智库最新分析报告［J］. 决策与信息（6）：123-125.

曾建勋，2016. 推进图书馆智库服务［J］. 数字图书馆论坛（5）：1-1.

张家年，2016. 情报视角下我国智库能力体系建设的研究 [J]. 情报资料工作，37（1）：92-98.

张家年，马费成，2015. 美国国家安全情报体系结构及运作的研究 [J]. 情报理论与实践，38（7）：7-14.

张维迎，1996. 博弈论与信息经济学 [M]. 上海：上海人民出版社.

张小刚，2011. 绿色经济发展内在构成要素分析 [J]. 求索（9）：49-50.

周德禄，2017. 强调特色、重视人才：欧美高端智库建设经验 [N]. 中国社会科学报，10-19（2）.

周莉，顾江，2011. 基于博弈论视角的文化产业制度建设 [J]. 现代管理科学（4）：3-5.

朱·弗登博格，1996. 博弈论 [M]. 北京：中国人民大学出版社.

朱旭峰，2007. 思想库研究：西方研究综述 [J]. 国外社会科学（1）：60-69.

朱旭峰，2016. 智库评价排名体系：在争议中发展完善 [N]. 光明日报，02-03（16）.

Abb P，Koellner P，2015. Foreign policy think tanks in China and Japan：Characteristics，current profile，and the case of collective self-defence [J]. INTERNATIONAL JOURNAL，70（4）：593-612.

Abelson D E，2002. Do think tanks matter? Assessing the impact of public policy institutes [M]. Ithaca，NY：McGill-Queen's University Press.

Aedo A，2016. Cultures of expertise and technologies of government：The emergence of think tanks in Chile [J]. CRITIQUE OF ANTHROPOLOGY，36（2）：145-167.

Arshed N，2017. The origins of policy ideas：The importance of think tanks in the enterprise policy process in the UK [J]. JOURNAL OF BUSINESS RESEARCH，71：74-83.

Berkhout J，2015. Why interest organizations do what they do：Assessing the explanatory potential of 'exchange' approaches [J]. Interest Groups and Advocacy，22（2）：227-250.

Bertelli A M，2015. Demanding information：Think tanks and the US Congress. British Journal of [J]. Political Science，39：225-242.

Boswell C，2015. The political functions of expert knowledge：Knowledge and legitimation in European Union immigration policy [J]. Journal of European Public Policy，15（4）：471-488.

Bock J，Hettenhausen J，2012. Discrete Particle Swarm Optimization for Ontology Alignment [J]. Information Sciences (192): 152 - 173.

Bouwen P, 2011. Corporate lobbying in the European Union: The logic of access [J]. Journal of European Public Policy, 9 (3): 365 - 390.

Burstein P, 2015. The impact of public opinion on public policy: A review and an agenda [J]. Political Research Quarterly, 56 (1): 29 - 40.

Chen K, 2016. Think tanks and non-traditional security: governance entrepreneurs in Asia [J]. INTERNATIONAL AFFAIRS, 92 (6): 1554 - 155.

Chen K, 2016. Three perspectives on Chinese diplomacy: government, think-tanks and academia [J]. INTERNATIONAL AFFAIRS, 92 (4): 987 - 992.

Christopoulos D, 2014. Exceptional or just well connected? Political entrepreneurs and brokers in policy making [J]. European Political Science Review, 7 (3): 475 - 498.

Clark J, Roodman D, 2013. Measuring Think Tank Performance: An Index of Public Profile [R]. C G D Policy (4): 25.

Craft J, Howlett M, 2015. Policy formulation, governance shifts and policy influence: Location and content in policy advisory systems [R]. Journal of Public Policy, 32 (02): 79 - 98.

Dahl R A, 1967. Pluralist Democracy in the UnitedStates: Conflict and Consent [M]. Chicago: University of Chicago Press.

Daviter F, 2015. The political use of knowledge in the policy process [M]. Policy Sciences, 48 (4): 491 - 505.

Abelson D E, 2002. Do Think Tanks Matter? Assessing the Impact of Public Policy Institutes [M]. Montreal: McGill-Queen's University Press.

De Maio, Fenza G, Loia V, 2012. Hierarchical Web Resources Retrieval by Exploiting Fuzzy Formal Concept Analysis [J]. Information Processing & Management, 48 (3): 399 - 418.

Dellaporta, D, 2013. Can democracy be saved: Participation, deliberation and social movements [M]. Cambridge: Polity Press.

Dickson P, 1971. Think Tanks [M]. New York: Atheneum.

Domhoff G W, Dye T R, 1987. PowerElites and Organizations [M]. London: Sage.

Donas T, Fraussen B, Beyers J, 2014. It's not all about the money: Explaining varying policy portfolios of regional representations in Brussels [J]. Interest Groups and Advocacy, 3 (1): 79 - 98.

Drutman L，2015. The business of America is lobbying：How corporations became politicized and politics became more corporate. ［M］Oxford：Oxford University Press.

Dye T R，1986. Who's Running America? TheConservative Years ［M］. New Jersey：Prentice Hall.

Dye T R，1987. Understanding Public Policy ［M］. New Jersey：Englewood.

Dye T R，2001. Top Down Policymaking ［M］. NewYork：Chatham House Publishers.

Fraussen B，Pattyn V，Lawarée J，2016. Thinking in splendid isolation? The organization and policy engagement of think tanks in Belgium. ［M］. Bristol：Policy Press.

Haughton G，Allmendinger P，2016. Think tanks and the pressures for planning reform in England ［J］. Environment & Planning C Government & Policy，34：1676 - 1692.

Gradmann S，2014. From Containers to Content to Context：the Changing role of Libraries in Science and Scholarship ［J］. Journal of Documentation，70（2）：1 - 4.

Guo Yajun，2002. A New Dynamic Comprehensive Evaluation Method ［J］. Journal of Management Sciences in China，5（2）：49 - 54.

Halpin D，MacLeod I，McLaverty P，2012. Committee hearings of the Scottish parliament：Evidence giving and policy learning ［J］. The Journal of Legislative Studies，18（1）：1 - 20.

Heath T，Bizer C，2011. Linked Data：Evolving the Web into AGlobal Data Space ［J］. Synthesis Lectures on the Semantic Web：Theory and Technology，1（1）：1 - 136.

Hill C J，Lynn L E，2005. Is hierarchical governance in decline? Evidence from empirical research ［J］. Journal of Public Administration Research and Theory，15（2）：173 -195.

Howlett M，Ramesh M，Wu X，2015. Understanding the persistence of policy failures：The role of politics，governance and uncertainty ［J］. Public Policy and Administration，30（3 - 4）：209 - 220.

Howlett M，Tan S L，Migone A，Wellstead A，Evans B，2014. The distribution of analytical techniques in policy advisory systems：Policy formulation and the tools of policy appraisal ［J］. Public Policy and Administration，29（4）：271 - 291.

Jansons A，2009. Research Institute of Agriculture：Scientific Activities of Last Decades ［R］. International Scientific Conference of the Latvia-University-of-Agriculture，10 - 26.

McGann J G，2017. Global Go To Think Tank Index Report ［EB/OL］.（2017 - 01 - 26）［2018 - 01 - 20］. http：//repository. upenn. edu/cgi/viewcontent. cgi? article =

1011&.context=think_tanks.

Jacques, Peter J, 2008. The Organization of Denial: Conservative Think Tanks and Environmental Scepticism [J]. Environmental Politics, 17 (3): 349 - 385.

Jones B D, Baumgartner F R, 2005. The politics of attention: How government prioritizes problems [M]. Chicago: University of Chicago Press.

Jordan G, 2007. Policy without learning: Double devolution and abuse of the deliberative idea [J]. Public Policy and Administration, 22 (1): 48 - 73.

Jordan A G, Greenan J, 2012. The changing contours of British representation: Pluralism in practice [A]. Halpin D, Jordan A G. The scale of interest organization in democratic politics: Data and research methods [C]. New York: Palgrave Macmillan: 67 - 98.

Kelstrup J D, 2017. Quantitative differences in think tank dissemination activities in Germany, Denmark and the UK [J]. Policy Sciences, 50 (1): 125 - 137.

Kingdon J, 1995. Agendas, Alternatives, and Public Policies [M] New York: Harper Collins.

Lalueza F, Girona R, 2016. The impact of think tanks on mass media discourse regarding the economic crisis in Spain [J]. Public Relations Review, 42 (2): 271 -278.

Maloney W, Jordan G, McLaughlin M, 1994. Interest groups and public policy: The insider/outsider model revisited [J]. Journal of Public Policy, 14 (1): 17 -38.

Marsh I, 1994. The development and impact of Australia's "Think Tanks" [J]. Australian Journal of Management, 19 (2): 177 - 200.

Marsh I, 1995. Beyond the two party system [M]. Cambridge: Cambridge University Press.

Marsh I, Miller R, 2012. Democratic decline, democratic renewal: Britain, Australia, New Zealand [M]. Cambridge: Cambridge University Press.

Marsh I, Stone D, 2004. Australian think tanks [A]. Stone D, Denham A. Think tank traditions: Policy research and the politics of ideas [C]. Manchester: ManchesterUniversity Press.

Marsh D, Toke D, Belfrage C, et al. , 2009. Policy networks and the distinction between insider and outsider groups: The case of the countryside alliance [J]. Public Administration, 87 (3): 621 - 638.

May P J, Jochim A E, 2013. Policy regime perspectives: Policies, politics, and governing [J]. Policy Studies Journal, 41 (3): 426 - 452.

McConnell A，2008. Governing after crisis：The politics of investigation，accountability and learning [M]. Cambridge：CambridgeUniversity Press.

McGann J G，2015. 2014 Global Go to Think Tank Index Report Think tanks and civil societies program [R]. University of Pennsylvania.

Milward H B，Provan K G，2000. Governing the hollow state [J]. Journal of Public Administration Research and Theory，10（2）：359 – 380.

Mills C W，1959. The Power Elite [M]. New York：Oxford University Press.

Porter M E，1980. Competitive Strategy：Techniques for Analyzing Industries and Competitors [J]. New York：The Free Press.

Mezeniece M，2010. Financing Mechanisms for Research Institutes in the Field of Agriculture in Latvia [B]. Research for Rural Development（1）：35 – 41.

McCaskill-Stevens W，2017. Identifying and Creating the Next Generation of Community-Based Cancer Prevention Studies：Summary of a National Cancer Institute Think Tank [J] Cancer Prevention Research，10（2）：99 – 107.

Ohemeng F L K，2015. Civil Society and Policy Making in Developing Countries：Assessing the Impact of Think Tanks on Policy Outcomes in Ghana [J]. Journal of Asian and African Studies，50（6）：667 – 682.

Pautz H，2010. Think tanks in the United Kingdom and Germany：Actors in the modernisation of social democracy [J]. British Journal of Politics & International Relations，12（2）：274 – 294.

Pautz H，2011. Revisiting the think-tank phenomenon [J]. Public Policy and Administration，26（4）：419 – 435.

Pautz H，2013. The think tanks behind 'Cameronism' [J]. British Journal of Politics & International Relations，15（3）：362 – 377.

Pautz H，2014. British think-tanks and their collaborative and communicative networks [J]. Politics，34（4）：345 – 361.

Peters B G，2015. State failure，governance failure and policy failure：Exploring the linkages [J]. Public Policy and Administration，30（3 – 4）：261 – 276.

Pierson P，2004. Politics in time：History，institutions and social analysis [M]. Princeton：Princeton University Press.

Prahald C K，Hamel G，1990. The Core Competence of the Corporation [J]. Harvard Business Review（3）：3 – 22.

Drucker P, 1966. The Effective Executive [M]. New York: Harper Business.

Rasmussen A, Carroll B, Lowery D, 2013. Representatives of the public? Public opinion and interest group activity [J]. European Journal of Political Research, 53 (2): 250 – 268.

Rich A, 2001. The politics of expertise in congress and the news media [J]. Social Science Quarterly, 82 (3): 583 – 601.

Rich A, 2004. Think tanks, public policy, and the politics of expertise [M]. Cambridge: Cambridge University Press.

Rich A O, Weaver R K, 1998. Advocate and analysist: Think tanks and the politicization of expertise [A]. Cigler A J, Loomis B A. Interest group politics [C]. Washington: CQ Press.

Rich A, 2000. Think Tanks in the US Media [J]. Harvard International Journal of Press-Politics, 4 (5): 81 – 103.

Roberts P, 2005. Think Tanks and Power in Foreign Policy: A Comparative Study of the Role and Influence of the Council on Foreign Relations and Royal Institute of International-al Affairs, 1939 – 1945 [J]. International Affairs, 81 (1): 234 – 235.

Rouse W B, CannonBrowers J A, Salas E, 1992. The Role of Mental Models in Team Performance in Complex Systems [J]. IEEE Trans on Systems Man & Cybernetics, 22 (6): 1296 – 1308.

Schlozman K L, Tierney J T, 1980. Organized interests and American democracy [M]. New York: Harper & Row.

Schrefler L, 2010. The usage of scientific knowledge by independent regulatory agencies [J]. Governance-an International Journal of Policy Administration and Institutions, 23 (2): 309 – 330.

Shaw S E, Russel J, Parsons W, et al. , 2015. The view from nowhere? How think tanks work to shape health policy [J]. Critical Policy Studies, 9 (1): 58 – 77.

Smith M A, 2000. American business and political power: Public opinion, elections, and democracy [M]. Chicago: University of Chicago Press.

Smith M, Marden P, 2008. Conservative think tanks and public politics [J]. Australian Journal of Political Science, 43 (4): 699 – 717.

Stone D, 1991. Old guard versus new partisans: Think tanks in transition [J]. Austral-ian Journal of Political Science, 26 (2): 197 – 215.

Stone D，2000. Introduction to the symposium：The changing think tank landscape [J].
Global Society，14（2）：149 - 152.

Stone D，2007. Recycling bins，garbage cans or think tanks? Three myths regarding poli-
cy analysis institutes [J]. Public Administration，85（2）：259 - 278.

Stone D，Denham A，2004. Think tank traditions：Policy research and the politics of ideas
[M]. New York：Manchester University Press.

Steelman A，2003. Do Think TanksMatter? Assessing the Impact of Public Policy Institu-
tes [J]. Cato Journal（23）：1.

Bennetts，2012. Influencing Policy Change：The Experience of Health Think Tanks in
Low-and Middle-Income Countries [J]. Health Policy &. Planning，27（3）：194 - 203.

Song Rushun，2000. A Decision-Making Method with Multi Prosperities Based on ANN
and Its Application [J]. Control and Decision Making，15（6）：765 - 768.

Skocpol T，1979. States and Social Revolutions：A Comparative Analysis of France，Rus-
sia and China [M]. Cambridge：Cambridge University Press.

Skocpol T，1995. Social Policy in the United States [M]. New Jersey State：Princeton-
University Press.

Skocpol T，1999. Democracy，Revolution and History：The Wilder House Series in Poli-
tics，History and Culture [M]. New York：Cornell University Press.

Skocpol T，2003. Diminished Democracy：FromMembership to Management in American
Civic Life [M]. OklahomaState：University of Oklahoma Press.

Sung T K，Chang N，Lee G，1999. Dynamics of Modeling in Data Mining：Interpretive
Approach to Bankruptcy Prediction [J]. Journal ofManagement Information Systems，
16（1）：63 - 85.

Shephard A，2017. Trump's Think Tank [J]. New Republic，248（3）：10 - 12.

Stone D，2008. Global Public Policy，Transnational Policy Communities，and Their Net-
works [J]. The Policy Studies Journal，36：19 - 38.

Taraghi B，Grossegger M，Ebner M，et al.，2013. Web Analytics of User Path Tracing
and A Novel Algorithm for Generating Recommendations in Open Journal Systems [J].
Online Information Review，37（5）：672 - 691.

Truman D B，1981. The Governmental Process：Political Interests and Public Opinion
[M]. Chicago：Greenwood Publishing Group.

The Think Tanks and Civil Societies Program，University of Pennsylvania，2009. The

Global Go To Think [R]. Tanks 2008: The Leading Public Policy Research Organizations In The World.

Vromen A, Hurley P, 2015. Consultants, think tanks and public policy [A]. Head B, Crowley K. Policy analysis in Australia [C]. Bristol: Policy Press.

Walker J L, 1991. Mobilizing interest groups in America [M]. Ann Arbor: University of Michigan Press.

Weaver R K, 1989. The changing world of think tanks [J]. Political Science & Politics, 22 (03): 563 – 578.

Wernerfelt B, 1984. A Resource-based View of the Firm [J]. Strategic Management Journal (2): 171 – 180.

Xu Xiangpei, Xu Zhichao, 2001. A Multi Agent System for Dynamic and Real Time Optical Control in Logistics Distribution [A]. Proceedings of 2001 International Conference on Management Science & Engineering [C]. Harbin: HIT Press: 724 – 729.

Yu M M, Wang J L, Zhao X D, 2014. A PAM-Based Ontology Concept and Hierarchy Learning Method [J]. Journal of Information Science, 40 (1): 15 – 24.

Zhu, X F, 2009. The Influenceof Think Tanks in The Chinese Policy Process Different Ways and Mechanisms [J]. Asian Survey, 49 (2): 333 – 357.

김형종, 2017. East Asian Regionalism and Track Two Diplomacy: Focusing on Network of East Asian Think-Tanks [J]. 동아연구, 36 (1) 33 – 62.

附　　录

附录1

中国农业智库建设的调查问卷

（农业智库机构领导、智库研究领域专家、相关部门负责人填写）

尊敬的专家：

您好！本问卷旨在调查中国农业智库建设现状，以及影响中国农业智库发展的影响因素，从而给中国国家级农业智库的建设提供启示和帮助。请根据贵单位的实际情况填写本问卷，所有调查问卷仅供研究使用，我们保证决不泄露贵单位的数据信息。感谢您能抽出宝贵的时间，配合我们完成本次调查，非常感谢！

1. 贵单位农业智库的名称：（　　　　　　　　　）。

2. 贵单位农业智库的核心团队的名称：（　　　　　　　　　）。

3. 贵单位农业智库的核心专家：（　　　　　　　　　）。

4. 贵单位农业智库的性质：（　　　）。

A. 官方型智库　　　　　　　　　B. 科研机构型智库

C. 大学附属型智库　　　　　　　D. 社会型智库

5. 贵单位农业智库的组织结构完善程度：（　　　）。

A. 不完善　　　B. 一般　　　C. 完善　　　D. 很完善

6. 贵单位农业智库的相关制度完善程度：（　　　）。

A. 不完善　　　B. 一般　　　C. 完善　　　D. 很完善

7. 贵单位智库建设有无稳定的经费数量：（　　　）。

A. 有　　　　　B. 无

8. 贵单位上一年度的经费数量为（　　　）万元。

A. 10 万元以下　　　　　　　　B. 10～100 万元（含 100 万元）

C. 100～1 000 万元（含 1 000 万元）　　D. 1 000 万元以上

9. 贵单位智库运营经费的主要来源是（　　　）。

A. 政府拨款　　　　　　　　B. 企业或个人赞助

C. 承担课题经费　　　　　　D. 开展社会服务

E. 其他（请说明来源：　　　　　　　　　）。

10. 贵单位员工中上一年进入党政机关重要部门工作的人数为（　　　）。

A. 0 人　　　　　B. 1～5 人　　　　C. 6～10 人　　　　D. 10 人以上

11. 贵单位对政府有无直接的建言渠道：（　　　）。

A. 有　　　　　　B. 无

12. 贵单位上一年给政府工作人员的培训和授课数量：（　　　）。

A. 0 次　　　　　B. 1～5 次　　　　C. 6～10 次　　　　D. 10 次以上

13. 贵单位上一年出版的专著数量：（　　　）。

A. 0 项　　　　　B. 1～10 项　　　　C. 11～20 项　　　　D. 20 项以上

14. 贵单位目前拥有的专家数量：（　　　）。

A. 0 人　　　　　B. 1～10 人　　　　C. 11～20 人　　　　D. 20 人以上

15. 贵单位上一年观点被党报引用数量：（　　　）。

A. 0 项　　　　　B. 1～10 项　　　　C. 11～20 项　　　　D. 20 项以上

16. 贵单位上一年产出研究报告数量：（　　　）。

A. 0 项　　　　　B. 1～10 项　　　　C. 11～20 项　　　　D. 20 项以上

17. 贵单位上一年承接政府研究项目数量：（　　　）。

A. 0 项　　　　　B. 1～10 项　　　　C. 11～20 项　　　　D. 20 项以上

18. 贵单位上一年研究成果被领导批示数量：（　　　）。

A. 0 项　　　　　B. 1～5 项　　　　C. 6～10 项　　　　D. 10 项以上

19. 贵单位目前向党委政府及其职能部门报送的内刊数量：（　　　）。

A. 0 册　　　　　B. 1～5 册　　　　C. 6～10 册　　　　D. 10 册以上

20. 贵单位拥有国外合作机构的数量：（　　　）。

A. 0 家　　　　　B. 1～20 家　　　　C. 21～40 家　　　　D. 41 家以上

21. 贵单位拥有国内合作机构的数量：（　　　）。

A. 0 家　　　　　B. 1～20 家　　　　C. 21～40 家　　　　D. 41 家以上

22. 贵单位有无专门的农业数据库：（　　　）。

A. 有　　　　　　B. 无

23. 您认为与谁合作对农业智库发展最有利？（　　）

A. 政府　　　　　B. 企业　　　　　C. 科研机构

D. 媒体　　　　　E. 其他

24. 您认为目前农业智库建设中存在的最大问题是：（　　）。

A. 农业数据资源重复建设　　　　B. 多学科交叉性选题较少

C. 政府需求获取存在壁垒　　　　D. 智库平台功能有待完善

E. 智库行业竞争愈加激烈　　　　F. 农业自身特征带来风险

G. 其他（请您填写：　　　　　　　　）

25. 您认为农业智库最需要政府哪方面的支持？（　　）

A. 资金支持　　　B. 政策支持　　　C. 税收减免　　　D. 贷款优惠

E. 技术支持　　　F. 人才培训　　　G. 其他

26. 您认为当前政府应该怎样管理农业智库？（　　）

A. 完全不参与

B. 适当引导和帮助

C. 政府指派专门管理人员，参与智库内部运行管理

27. 在贵单位农业智库建设的过程中，有没有获得过政府的支持，请选择支持程度。

编号	政府支持	支持程度（请为每项分别选择）
1	法律及政策支持	
2	资金扶持	
3	税收减免	
4	优惠贷款	
5	技术支持	
6	人才培训	

A. 很少支持　　　B. 一般支持　　　C. 大力支持

28. 您对政府对贵单位农业智库建设工作的指导和扶持是否满意：（　　）。

A. 不满意　　　B. 基本满意　　　C. 满意　　　D. 很满意

29. 您认为目前贵单位农业智库建设所处的阶段是什么？（　　）

A. 初创阶段　　　B. 成长阶段　　　C. 成熟阶段　　　D. 衰退阶段

30. 您认为农业智库建设的核心资源要素是什么？（　　　）

A. 研究机构　　　B. 研究专家　　　C. 管理人员　　　D. 农业数据

E. 资金来源　　　F. 研究成果　　　G. 网络平台　　　H. 建言渠道

I. 其他（请您填写：　　　　　　　　　）

31. 您认为农业智库建设的核心影响因素是什么？（　　　）

A. 资源要素　　　　　　　　B. 政府需求

C. 相关支撑产业　　　　　　D. 结构和竞争对手

E. 政府行为　　　　　　　　F. 机遇（偶然）因素

G. 其他（请您填写：　　　　　　　　　）

32. 您对农业智库的未来发展是否有信心：（　　　）。

A. 有信息　　　B. 有信心，但信心不足　　　C. 没有信心

33. 您认为促进农业智库发展的对策应该有什么？请您写下宝贵意见：

谢谢您的参与！如果方便，请您留下您的姓名和联系方式，以备项目组后期研究再联系您，非常感谢！

附录 2

中国国家级农业智库建设的专家访谈

一、访谈对象

农业智库机构领导、智库研究领域专家、相关部门负责人。

二、访谈目的和方式

采用面对面访谈的方式，利用德尔菲法，请专家对中国国家级农业智库建设的理论研究基础进行把关；了解我国农业智库建设的客观情况。

三、访谈的主要内容

1. 您觉得应该从哪几方面考虑，对中国国家级农业智库进行概念界定？或者您觉得中国国家级农业智库的定义是什么？

2. 您觉得中国国家级农业智库的要素、能力、功能有哪些呢？它与其他类型的智库区别在哪里？与一般的农业智库区别在哪里？

3. 您觉得现阶段中国农业智库建设中存在着哪些问题？造成这些问题的影响因素是什么？

4. 您觉得科学合理的中国国家级农业智库建设应该包括哪些方面的内容呢？

5. 请您介绍一下贵单位中国农业智库建设的现状、经验、存在的问题、困难、拟采取的对策。

6. 您认为评价中国国家级农业智库的标准应该有哪些？

7. 请您为促进中国国家级农业智库的建设发展进程，提出宝贵的对策建议。

附录3

英文缩略词对照表

英文缩写	英文全称	中文名称
USDA-ARS	United states department of agriculture-agricultural research service	美国农业部农业研究局
RAND	Rand corporation	兰德公司
IPFRI	The international food policy research institute	国际食物政策研究所
FANRPAN	The food，agriculture and natural resources policy analysis network	食品、农业和自然资源政策分析网络
JIIA	Japan institute of international affairs	日本国际问题研究所
KDI	Korea development institute	韩国发展研究院
NBER	The national bureau of economic research	（美国）国家经济研究局
IATP	International airlines technical pool	农业与贸易政策研究所
USDA-NAL	United states department of agriculture-national agricultural library	美国国家农业图书馆
CIIFAD	Cornell international institute for food，agriculture and development	康奈尔大学康奈尔国际粮食、农业和发展研究所
UCDAVIS-PIEEE	University of california davis-institute of energy，environment and economic policy	加州大学戴维斯分校能源、环境和经济政策研究所

后　记

　　本书是在我的博士学位论文与博士后研究报告基础上修改而成。我很感激命运，让我有机会体验博士期间与博士后期间的研究成长。

　　科研是神圣而严谨的，我的博士生导师张学福研究员教会了我这一点。刚入学时，导师就严肃地告诉我：做事之前要先学会做人。士有所学而行为本，这是贯彻始终的学者精神，我将牢记终身，在今后的工作和生活中始终告诫自己要知行合一、严谨治学。感谢我的导师张学福研究员，将我领进科研的大门，辛苦培养我，指导我的学习，纠正我的错误，教我读书，育我做人，使我的科研素养得到了全面的提高与进步。

　　科研是枯燥而充满困难的，这是我深知自己需要面对的。从论文选题到中期考核再到多次的进展汇报，其中的困难和艰辛不言而喻。感谢我的导师张学福研究员，是您的智慧点拨了一度混沌的我，是您勤劳耕耘和刻苦钻研的科研精神，感染和鼓励着我。"朝起早，晚归迟"，这就是我的导师科研精神的写照，他用自身的努力，深刻地影响着我们每一名学生，使我在科研的道路上不论遇到什么样的困难，都从没有想过要放弃。

　　科研是快乐并充满欣喜的，身边的每一位老师和同学都让我体会到了这一点。我很幸运，得到了中国农业科学院农业信息研究所里很多老师的帮助：感谢孟宪学所长，从专业问题到工作困惑，孟所长都耐心地为我传道、授业、解惑，让我真切地感受到来自学术界前辈的关心与温暖。感谢梅方权所长，总能从战略高度，以丰富的科研经验帮我破解学术难题，每次经过梅所长的指点，我都有如醍醐灌顶、豁

· 212 ·

然开朗。感谢许世卫所长，在百忙之中，愿意接受我的专家访谈，指点我科研之中存在的问题，使我受益匪浅。特别要感谢中国农业科学院农业信息研究所科技情报分析与评估研究中心（原知识组织与知识挖掘中心）的每一位老师，是你们每一个人在我有学术问题时，给予了我事无巨细的指导。感谢孙巍研究员、谢能付研究员、郝心宁老师、田儒雅老师、吴蕾老师、徐倩老师、樊景超老师……，他们都是中国农业科研的骨干力量，也是我需要一直学习的榜样和对象。

除了中国农业科学院农业信息研究所外，我还幸运地得到了很多所外老师的指导和帮助。通过与各位专家当面请教和邮件交流的方式，收获了很多文献中查找不到的知识和灵感，感谢你们给我的耐心解答和指点。感谢康奈尔大学国际粮食、农业和发展研究所付琳研究员，清华大学公共管理学院朱旭峰教授，北京大学信息管理系李广建教授，中国科学院文献情报中心初景利研究员，中国科学院文献情报中心孟连生研究员，中国科学院文献情报中心李春旺研究员，中国科技信息研究所曾建勋研究员，华南师范大学经济与管理学院高波教授，辽宁师范大学管理学院张秀兰教授，辽宁师范大学图书馆杨峰教授，广西科技大学管理学院管仕平教授、商波博士，渤海大学管理学院王绪龙教授，沈阳农业大学编辑部聂颖主编。也要感谢来自中国社会科学院农村发展研究所、中国科学院农业政策研究中心、中国农业科学编辑部、中国农村经济编辑部等单位所有匿名评审专家们，是你们对我的论文提出了宝贵的修改意见，致敬对我提供过帮助却无法被提及姓名的勤勉温厚的学者们。

科研需要引导也需要支撑，特别感谢我的博士后合作导师周密教授。如果把学术攻关比作爬山，我想，之所以我能够爬上从博士后入站到出站这一程的山顶，还能兼顾带着我的学生共同往前走，都在于我有一个向导，那就是我的合作导师——周密教授。周密教授作为农经学科带头人，确实是拉着学生们爬山的那个人，让我作为一名从工商管理学科跨进农业经济管理学科的普通教师，没有因为面临跨学科学术难题而就此停滞。在这一过程中，我感受到了混沌之初，也感受到了间隙光亮。科研成果是黑夜星光，难能可贵，但可能最为珍贵的，是这伴随成长的探索过程。是会有失望和怀疑，但有能人的牵引、贤者的陪伴，让自身得到成长，再苦也值得付出。回望科研攻关的这一路途前后，所遇认真、诚信、负责、善良之人，比科研成果还要璀璨耀眼。

感谢沈阳农业大学经济管理学院的领导与同事，他们都是经济管理领域的专家和学者，对我的工作和学习给予了很多指导和帮助，他们是：吕杰校长、王铁良校长、马殿荣校长、吴东立院长、景再方书记、周密院长、江金启院长、陈珂教授、李忠旭教授、李旻教授、杨肖丽教授、黄晓波教授、刘彩华教授、彭艳斌教授、陈立双教授、周艳波教授、栾香录教授、李专教授、李旭教授、武翔宇教授、李晓波教授、韩晓燕教授、姜汝教授、李大兵教授、潘春玲教授、于丽红教授、宫丽教授、高凌云老师、陈素琼老师、池丽旭老师、何丹老师、朴慧兰老师、谭晓婷老师、王昱老师、赵丽明老师、谢凤杰老师、杨欣老师、陈迪老师、孙若愚老师、史宝康老师、张目老师、李燕南老师、谷晓萍老师、张馨予老师、潘新宁老师。挂一漏万，不一而足，在此如有不小心疏忽被漏掉姓名的同事朋友，还请给予谅解，谢谢你们！感谢原沈阳农业大学经济管理学院院长、现辽宁大学商学院院长张广胜教授，是您说"资料室是出科学家的地方，我鼓励并支持你外出读书学习"。感谢张院长，您是我的领路人和支撑者，可以说，没有张院长的鼓励和支持，我不会如此坚定地走在科研求知的道路上。

"人是漂泊的船，家是温暖的岸。"感谢我的家人，一直以来对我的支持和包容，使我无论多苦多累，都觉心有归处。感谢我的爱人——沈阳大学张珣先生对我无尽的关爱和照顾，在我外出学习时，独自承担照顾孩子的责任。感谢我们双方的父母，在我们需要任何帮助时，总是无怨地及时伸出援手。感谢我们的小宝贝张淘淘，带给我快乐和幸福，成全我作为妈妈的圆满欣慰。感谢我的好朋友们，在我深感压力时给予的温暖和开导。感谢我的同学们，让我觉得做科研苦中带甜，是你们陪伴我度过了专注学习的宝贵时光，感谢夏雪、陈桂鹏、倪旭、黄丹丹、吴培、梁晓贺、李楠、李晓曼、陈欣然、孙玉竹、陈祥新、田春可、龚浩、乌哲斯古楞。

感谢我自己，这样努力，也懂得珍惜。鲁迅先生说：愿中国青年都摆脱冷气，只是向上走，不必听自暴自弃者流的话，能做事的做事，能发声的发声。我将牢记导师和所有前辈教导的科研精神和使命，严格要求自己，以更优秀的科研成果回馈学术界同仁。离开是为了怀念，多年科研求知时光被我珍藏心底，永远不会忘记。感谢攻读博士学位期间与博士后流动站工作期间路遇的每一位好人，歌颂顺遂。

梁　丽

2021 年 12 月

图书在版编目（CIP）数据

中国国家级农业智库建设研究 / 梁丽，周密，张学福著 . —北京：中国农业出版社，2022.1
ISBN 978-7-109-29006-8

Ⅰ.①中… Ⅱ.①梁… ②周… ③张… Ⅲ.①农业—咨询机构—研究—中国 Ⅳ.①S126

中国版本图书馆 CIP 数据核字（2022）第 004006 号

中国国家级农业智库建设研究
ZHONGGUO GUOJIAJI NONGYE ZHIKU JIANSHE YANJIU

中国农业出版社出版
地址：北京市朝阳区麦子店街 18 号楼
邮编：100125
责任编辑：闫保荣　文字编辑：陈思羽
版式设计：王　晨　责任校对：吴丽婷
印刷：北京通州皇家印刷厂
版次：2022 年 1 月第 1 版
印次：2022 年 1 月北京第 1 次印刷
发行：新华书店北京发行所
开本：700mm×1000mm　1/16
印张：14.25
字数：230 千字
定价：60.00 元